Materiais manipulativos
para o ensino do
SISTEMA DE NUMERAÇÃO DECIMAL

Organizadoras
Katia Cristina Stocco Smole
Doutora em Educação, área de Ciências e Matemática pela FE-USP

Maria Ignez de Souza Vieira Diniz
Doutora em Matemática pelo Instituto de Matemática e Estatística da USP

Autoras
Heliete Meira C. A. Aragão
Mestre em Ensino de Ciências e Educação Matemática pela UEL

Sonia Maria Pereira Vidigal
Mestre em Educação, área de Ciências e Matemática pela FE-USP

Aviso
A capa original deste livro foi substituída por esta nova versão. Alertamos para o fato de que o conteúdo é o mesmo e que a nova versão da capa decorre da adequação ao novo layout da Coleção Mathemoteca.

M425   Materiais manipulativos para o ensino do sistema de numeração decimal / Autoras, Heliete Meira C. A. Aragão, Sonia Maria Pereira Vidigal ; Organizadoras, Katia Stocco Smole, Maria Ignez Diniz . – Porto Alegre : Penso, 2016. 95 p. il. color. ; 23 cm. – (Coleção Mathemoteca ; v. 1).

ISBN 978-85-8429-070-3

1. Matemática – Práticas de ensino. 2. Sistema de numeração decimal. I. Aragão, Heliete Meira C. A. II. Vidigal, Sonia Maria Pereira. III. Smole, Katia Stocco. IV. Diniz, Maria Ignez.

CDU 511.11

Catalogação na publicação: Poliana Sanchez de Araujo – CRB 10/2094

ORGANIZADORAS
Katia Stocco Smole
Maria Ignez Diniz

Materiais manipulativos
para o ensino do

SISTEMA DE NUMERAÇÃO DECIMAL

Autoras
Heliete Meira C. A. Aragão
Sonia Maria Pereira Vidigal

penso

2016

© Penso Editora Ltda., 2016

Gerente editorial: *Letícia Bispo de Lima*

Colaboraram nesta edição

Editora: *Priscila Zigunovas*

Assistente editorial: *Paola Araújo de Oliveira*

Capa: *Paola Manica*

Projeto gráfico: *Juliana Silva Carvalho/Atelier Amarillo*

Editoração eletrônica: *Kaéle Finalizando Ideias*

Fotos: *Silvio Pereira/Pix Art*

Reservados todos os direitos de publicação à PENSO EDITORA LTDA., uma empresa do GRUPO A EDUCAÇÃO S.A.

Av. Jerônimo de Ornelas, 670 - Santana
90040-340 - Porto Alegre - RS
Fone: (51) 3027-7000 Fax: (51) 3027-7070

Unidade São Paulo

Av. Embaixador Macedo Soares, 10.735 - Pavilhão 5 - Cond. Espace Center
Vila Anastácio - 05095-035 - São Paulo - SP
Fone: (11) 3665-1100 Fax: (11) 3667-1333

SAC 0800 703-3444 - www.grupoa.com.br

É proibida a duplicação ou reprodução deste volume, no todo ou em parte, sob quaisquer formas ou por quaisquer meios (eletrônico, mecânico, gravação, fotocópia, distribuição na Web e outros), sem permissão expressa da Editora.

IMPRESSO NO BRASIL
PRINTED IN BRAZIL

Apresentação

Professores interessados em obter mais envolvimento de seus alunos nas aulas de matemática sempre buscam novos recursos para o ensino. Os materiais manipulativos constituem um dos recursos muito procurados com essa finalidade.

Desde que iniciamos nosso trabalho com formação e pesquisa na área de ensino de matemática, temos investigado, entre outras questões, a importância dos materiais estruturados.

Com esta Coleção, buscamos dividir com vocês, professores, nossa reflexão e nosso conhecimento desses materiais manipulativos no ensino, com a clareza de que nossa meta está na formação de crianças e jovens confiantes em suas habilidades de pensar, que não recuam no enfrentamento de situações novas e que buscam informações para resolvê-las.

Nesta proposta de ensino, os conteúdos específicos e as habilidades são duas dimensões da aprendizagem que caminham juntas. A seleção de temas e conteúdos e a forma de tratá-los no ensino são decisivas; por isso, a escolha de materiais didáticos apropriados e a metodologia de ensino é que permitirão o trabalho simultâneo de conteúdos e habilidades. Os materiais manipulativos são apenas meios para alcançar o movimento de aprender.

Esperamos dar nossa contribuição ao compartilhar com vocês, professores, nossas reflexões, que, sem dúvida, podem ser enriquecidas com sua experiência e criatividade.

As autoras

Sumário

1 Materiais didáticos manipulativos 9
   Introdução 9
   A importância dos materiais manipulativos 10
      A criança aprende o que faz sentido para ela 11
      Os materiais são concretos para o aluno 11
      Os materiais manipulativos são representações de ideias matemáticas 12
      Os materiais manipulativos permitem aprender matemática 13
   A prática para o uso de materiais manipulativos 14
   Nossa proposta 15
      Produção de textos pelo aluno 16
      Painel de soluções 18
      Uma palavra sobre jogos 19
   Para terminar 20

**2 Materiais didáticos manipulativos
para o ensino do Sistema de Numeração Decimal** 23
   O Sistema de Numeração Decimal 23

**3 Atividades de Sistema de Numeração Decimal
com materiais didáticos manipulativos** 29
   Ábaco de pinos 31
      1 Explorando o ábaco 35
      2 Explorando números no ábaco 37
      3 Montando números no ábaco 39
      4 Ábaco – mudando algarismos 41
      5 Ábaco – qual o mais próximo? 43

   Fichas sobrepostas 47
      1 As fichas que formam números 49
      2 Registrando contagens 51
      3 Brincando com números e palavras 55
      4 Eu comando, você faz 59
      5 Escrevendo números 63
      6 Para pensar! 65
      7 Jogo com as fichas 69

   Apêndice: Calculadora 71
      1 Brincando com a calculadora 75
      2 Pensando nas sequências 79

   Materiais 83
   Fichas sobrepostas 83

   Referências 90

   Leituras recomendadas 92

   Índice de atividades (ordenadas por ano escolar) 95

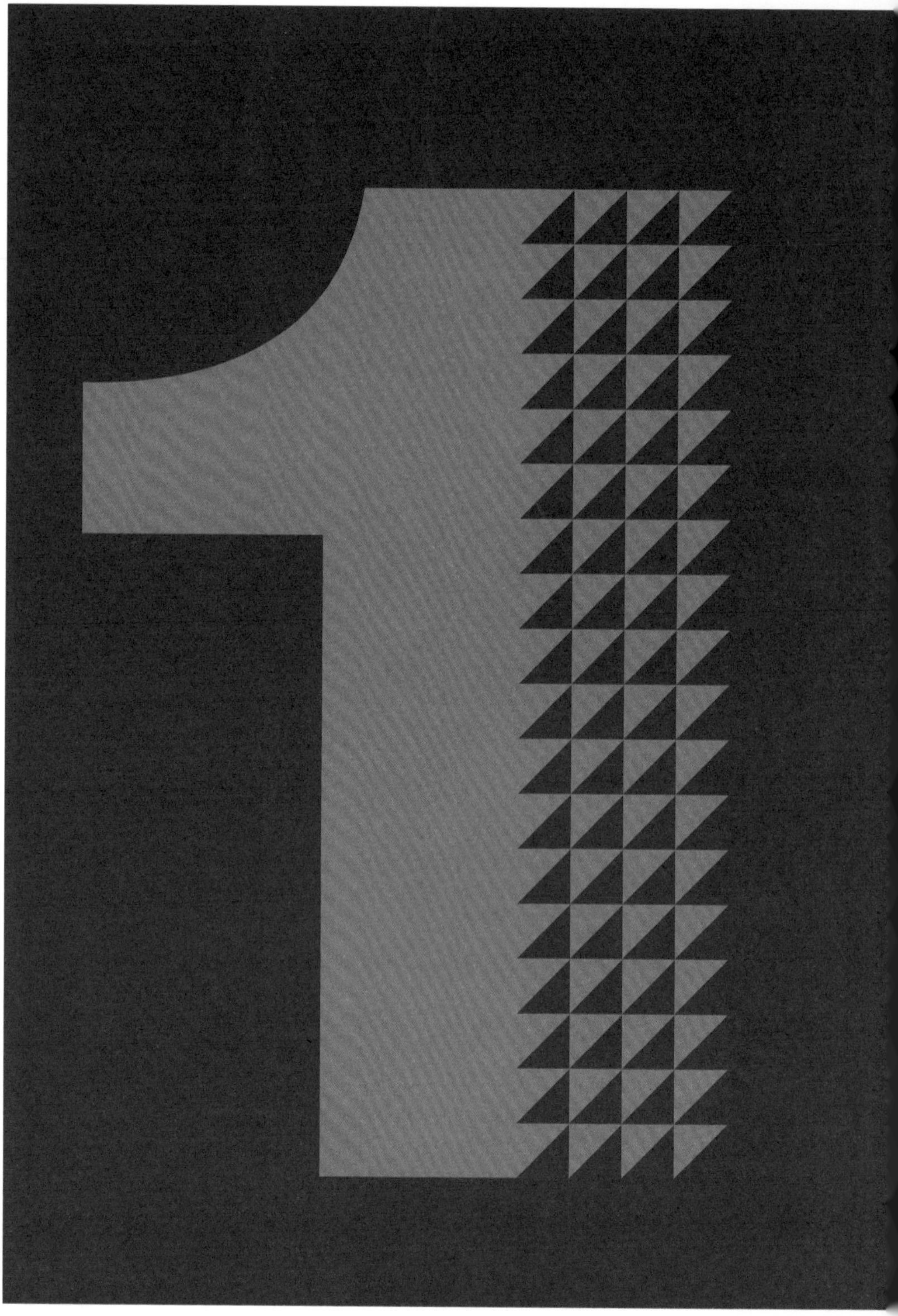

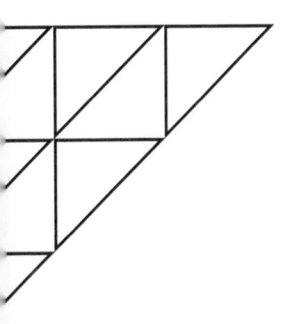

Materiais didáticos manipulativos

Introdução

A proposta de utilizar recursos como modelos e materiais didáticos nas aulas de matemática não é recente. Desde que Comenius (1592-1670) publicou sua *Didactica Magna* recomenda-se que recursos os mais diversos sejam aplicados nas aulas para "desenvolver uma melhor e maior aprendizagem". Nessa obra, Comenius chega mesmo a recomendar que nas salas de aula sejam pintados fórmulas e resultados nas paredes e que muitos modelos sejam construídos para ensinar geometria.

Nos séculos seguintes, educadores como Pestalozzi (1746--1827) e Froëbel (1782-1852) propuseram que a atividade dos jovens seria o principal passo para uma "educação ativa". Assim, na concepção destes dois educadores, as descrições deveriam preceder as definições e os conceitos nasceriam da experiência direta e das operações que o aprendiz realizava sobre as coisas que observasse ou manipulasse.

São os reformistas do século XX, principalmente Claparède, Montessori, Decroly, Dewey e Freinet, que desenvolvem e sistematizam as propostas da Escola Nova. O sentido dessas novas ideias é o da criação de canais de comunicação e interferência entre os conhecimentos formalizados e as experiências práticas e cotidianas de vida. Toda a discussão em torno da questão do método, de uma nova visão de como se aprende, continha a ideia de um religamento entre os conhecimentos escolares e a vida, uma reaproximação do pensamento com a experiência.

Sem dúvida, foi a partir do movimento da Escola Nova – e dos estudos e escritos de John Dewey (1859-1952) – que as preocupações com as experiências de aprendizagem ganharam força. Educadores como Maria Montessori (1870-1952) e Decroly (1871-1932), inspirados nos trabalhos de Dewey, Pestalozzi e Froëbel, criaram inúmeros jogos e materiais que tinham como objetivo melhorar o ensino de matemática.

O movimento da Escola Nova foi uma corrente pedagógica que teve início na metade do século XX, sendo renovador para a época, pois questionava o enfoque pedagógico da escola tradicional, fazendo oposição ao ensino centrado na tradição, na cultura intelectual e abstrata, na obediência, na autoridade, no esforço e na concorrência.

A Escola Nova tem como princípios que a educação deve ser efetivada em etapas gradativas, respeitando a fase de desenvolvimento da criança, por meio de um processo de observação e dedução constante, feito pelo professor sobre o aluno. Nesse momento, há o reconhecimento do papel essencial das crianças em todo o processo educativo, pré-disponibilizadas para aprender mesmo sem a ajuda do adulto, partindo de um princípio básico: a criança é capaz de aprender naturalmente. Ganham força nesse movimento a experiência, a vivência e, consequentemente, os materiais manipulativos em matemática, por permitirem que os alunos aprendessem em processo de simulação das relações que precisavam compreender nessa disciplina.

Importante lembrar também que, a partir dos trabalhos de Jean Piaget (1896-1980), os estudos da escola de Genebra revolucionaram o mundo com suas teorias sobre a aprendizagem da criança. Seguidores de Piaget, como Dienes (1916-), tentaram transferir os resultados das pesquisas teóricas para a escola por meio de materiais amplamente divulgados entre nós, como os Blocos Lógicos.

Assim, os materiais didáticos há muito vêm despertando o interesse dos professores e, atualmente, é quase impossível que se discuta o ensino de matemática sem fazer referência a esse recurso. No entanto, a despeito de sua função para o trabalho em sala de aula, seu uso idealizado há mais de um século não pode ser aceito hoje de forma irrefletida. Outras são as nossas concepções de aprendizagem e vivemos em outra sociedade em termos de acesso ao conhecimento e da posição da criança na escola e na sociedade.

A importância dos materiais manipulativos

Entre as formas mais comuns de representação de ideias e conceitos em matemática estão os materiais conhecidos como **manipulativos** ou **concretos**.

Desde sua idealização, esses materiais têm sido discutidos e muitas têm sido as justificativas para sua utilização no ensino de matemática. Vamos, então, procurar relacionar os argumentos do passado, que deram origem aos materiais manipulativos na escola, com sua significação para o ensino hoje.

A criança aprende o que faz sentido para ela

No passado, dizia-se que os materiais facilitariam a aprendizagem por estarem próximos da realidade da criança. Atualmente, uma das justificativas comumente usadas para o trabalho com materiais didáticos nas aulas de matemática é a de que tal recurso torna o processo de aprendizagem significativo.

Ao considerar sobre o que seja aprendizagem significativa, Coll (1995) afirma que, normalmente, insistimos em que apenas as aprendizagens significativas conseguem promover o desenvolvimento pessoal dos alunos e valorizamos as propostas didáticas e as atividades de aprendizagem em função da sua maior ou menor potencialidade para promover aprendizagens significativas.

Os pressupostos da aprendizagem significativa são:
- o aluno é o verdadeiro agente e responsável último por seu próprio processo de aprendizagem;
- a aprendizagem dá-se por descobrimento ou reinvenção;
- a atividade exploratória é um poderoso instrumento para a aquisição de novos conhecimentos porque a motivação para explorar, descobrir e aprender está presente em todas as pessoas de modo natural.

No entanto, Coll (1995) alerta para o fato de que não basta a exploração para que se efetive a aprendizagem significativa. Para esse pesquisador, construir conhecimento e formar conceitos significa compartilhar significados, e isso é um processo fortemente impregnado e orientado pelas formas culturais. Dessa forma, os significados que o aluno constrói são o resultado do trabalho do próprio aluno, sem dúvida, mas também dos conteúdos de aprendizagem e da ação do professor.

Assim é que de nada valem materiais didáticos na sala de aula se eles não estiverem atrelados a objetivos bem claros e se seu uso ficar restrito apenas à manipulação ou ao manuseio que o aluno quiser fazer dele.

Os materiais são concretos para o aluno

A segunda justificativa que costumamos encontrar para o uso dos materiais é a de que, por serem manipuláveis, são concretos para o aluno.

Alguns pesquisadores, ao analisar o uso de materiais concretos e jogos no ensino da matemática, dentre eles Miorim e Fiorentini (1990), alertam para o fato de que, a despeito do interesse e da utilidade que os professores veem em tais recursos, o concreto para a criança não significa necessariamente materiais manipulativos. Encontramos em Machado (1990, p. 46) a seguinte observação a respeito do termo "concreto":

> Em seu uso mais frequente, ele se refere a algo material manipulável, visível ou palpável. Quando, por exemplo, recomenda-se a

utilização do material concreto nas aulas de matemática, é quase sempre este o sentido atribuído ao termo concreto. Sem dúvida, a dimensão material é uma importante componente da noção de concreto, embora não esgote o seu sentido. Há uma outra dimensão do concreto igualmente importante, apesar de bem menos ressaltada: trata-se de seu conteúdo de significações.

Como é possível ver, é muito relativo dizer que "materiais concretos" significam melhor aprendizagem, pois manipular um material não é sinônimo de concretude quanto a fazer sentido para o aluno, nem garantia de que ele construa significados. Pois, como disse Machado (1990), o concreto, para poder ser assim designado, deve estar repleto de significações.

De fato, qualquer recurso didático deve servir para que os alunos aprofundem e ampliem os significados que constroem mediante sua participação nas atividades de aprendizagem. Mas são os processos de pensamento do aluno que permitem a mediação entre os procedimentos didáticos e os resultados da aprendizagem.

Os materiais manipulativos são representações de ideias matemáticas

Desde sua origem, os materiais são pensados e construídos para realizar com objetos aquilo que deve corresponder a ideias ou propriedades que se deseja ensinar aos alunos. Assim, os materiais podem ser entendidos como representações materializadas de ideias e propriedades. Nesse sentido, encontramos em Lévy (1993) que a simulação desempenha um importante papel na tarefa de compreender e dar significado a uma ideia, correspondendo às etapas da atividade intelectual anteriores à exposição racional, ou seja, anteriores à conscientização. Algumas dessas etapas são a imaginação, a bricolagem mental, as tentativas e os erros, que se revelam fundamentais no processo de aprendizagem da matemática.

Para o referido autor, a simulação não é entendida como a ação desvinculada da realidade do saber ou da relação com o mundo, mas antes um aumento de poderes da imaginação e da intuição. Nas situações de ensino com materiais, a simulação permite que o aluno formule hipóteses, inferências, observe regularidades, ou seja, participe e atue em um processo de investigação que o auxilia a desenvolver noções significativamente, ou seja, de maneira refletida.

Um fato importante a destacar é que o caráter dinâmico e refletido esperado com o uso do material pelo aluno não vem de uma única vez, mas é construído e modificado no decorrer das atividades de aprendizagem. Além disso, toda a complexa rede comunicativa que se estabelece entre os participantes, alunos e professor, intervém no sentido que os alunos conseguem atribuir à tarefa proposta com um material didático.

Uma vez que a compreensão matemática pode ser definida como a habilidade para representar uma ideia matemática de múltiplas maneiras e fazer conexões entre as diferentes representações dessa ideia, os materiais são uma das representações que podem auxiliar na construção dessa rede de significados para cada noção matemática.

Os materiais manipulativos permitem aprender matemática

De certa forma, essa razão bastante difundida de que os materiais permitem melhor aprendizagem em matemática foi em parte explicada anteriormente, quando enfatizamos que a forma como as atividades são propostas e as interações do aluno com o material é que permitem que, pela reflexão, ele se apoie na vivência para aprender.

No entanto, a linguagem matemática também se desenvolve quando são utilizados os materiais manipulativos, isso porque os alunos naturalmente verbalizam e discutem suas ideias enquanto trabalham com o material.

Não há dúvida de que, ao refletir sobre as situações colocadas e discutir com seus pares, a criança estabelece uma negociação entre diferentes significados de uma mesma noção. O processo de negociação solicita a linguagem e os termos matemáticos apresentados pelo material. É pela linguagem que o aluno faz a transposição entre as representações implícitas no material e as ideias matemáticas, permitindo que ele possa elaborar raciocínios mais complexos do que aqueles presentes na ação com os objetos do material manipulativo. Pela comunicação falada e escrita se estabelece a mediação entre as representações dos objetos concretos e as das ideias.

Os alunos estarão se comunicando sobre matemática quando as atividades propostas a eles forem oportunidades para representar conceitos de diferentes formas e para discutir como as diferentes representações refletem o mesmo conceito. Por todas essas características das atividades com materiais, o trabalho em grupo é elemento essencial na prática de ensino com o uso de materiais manipulativos.

Concluindo, de acordo com Smole (1996, p. 172):

> Dadas as considerações feitas até aqui, acreditamos que os materiais didáticos podem ser úteis se provocarem a reflexão por parte das crianças de modo que elas possam criar significados para ações que realizam com eles. Como afirma Carraher (1988), não é o uso específico do material com os alunos o mais importante para a construção do conhecimento matemático, mas a conjunção entre o significado que a situação na qual ele aparece tem para a criança, as suas ações sobre o material e as reflexões que faz sobre tais ações.

A prática para o uso de materiais manipulativos

Como foi apresentado anteriormente, a forma como as atividades envolvendo materiais manipulativos são trabalhadas em aula é decisiva para que eles auxiliem os alunos a aprender matemática.

Segundo Smole (1996, p. 173):

> Um material pode ser utilizado tanto porque a partir dele podemos desenvolver novos tópicos ou ideias matemáticas, quanto para dar oportunidade ao aluno de aplicar conhecimentos que ele já possui num outro contexto, mais complexo ou desafiador. O ideal é que haja um objetivo para ser desenvolvido, embasando e dando suporte ao uso. Também é importante que sejam colocados problemas a serem explorados oralmente com as crianças, ou para que elas em grupo façam uma "investigação" sobre eles. Achamos ainda interessante que, refletindo sobre a atividade, as crianças troquem impressões e façam registros individuais e coletivos.

Isso significa que as atividades devem conter boas perguntas, ou seja, que constituam boas situações-problema que permitam ao aluno ter seu olhar orientado para os objetivos a que o material se propõe.

Mas a seleção de um material para a sala de aula deve promover também o envolvimento do aluno não apenas com as noções matemáticas, mas com o lúdico que o material pode proporcionar e com os desafios que as atividades apresentam ao aluno.

Lembramos mais uma vez que, como recurso para a aprendizagem, os materiais didáticos manipulativos não são um fim em si mesmos. Eles apoiam a atividade que tem como objetivo levar o aluno a construir uma ideia ou um procedimento pela reflexão.

Alguns materiais manipulativos: cartas especiais, geoplano, cubos coloridos, sólidos geométricos, frações circulares, ábaco, mosaico e fichas sobrepostas.

Nossa proposta

Em todo o texto apresentado até aqui, duas perspectivas metodológicas formam a base do projeto dos materiais manipulativos para aprender matemática: a utilização dos recursos de **comunicação** e a proposição de **situações-problema**.

Elas se aliam e se revelam, neste texto, na descrição das etapas de cada atividade ou jogo. São sugeridos os encaminhamentos da atividade na forma de questões a serem propostas aos alunos antes, durante e após a atividade propriamente dita, assim como a melhor forma de apresentação do material.

É muito importante destacar a ênfase nos recursos de **comunicação**, ou seja, os alunos são estimulados a falar, escrever ou desenhar para, nessas ações, concretizarem a reflexão tão almejada nas atividades. Isso se justifica porque, ao tentar se comunicar, o aluno precisa organizar o pensamento, perceber o que não entendeu, confrontar-se com opiniões diferentes da sua, posicionar-se, ou seja, refletir para aprender.

Em várias atividades é solicitado aos alunos que exponham suas produções em painéis, murais, varais ou, até mesmo, no site da escola, quando ele existir. Isso permite a cada aluno conhecer outras percepções e representações da mesma atividade, além de buscar aperfeiçoar seu registro em função de ter leitores diversos e tão ou mais críticos do que ele próprio, para comunicar bem o que foi realizado ou pensado.

Diversas formas de registro são propostas ao longo das atividades, com diversidade de formas e explicações sobre como os alunos devem se organizar. Muitas vezes, são propostas **rodas de conversa** para que os alunos troquem entre si suas descobertas e aprendizagens. Assim, também é sugerido o que chamamos de **painel de soluções**, na forma de mural na classe ou fora dela, ou simplesmente no quadro, no qual os alunos apresentam diversas resoluções de uma situação e são solicitados a falar sobre elas e apreciar outras formas de resolver uma situação ou interpretar uma propriedade estudada.

Da experiência junto a alunos nas aulas de matemática e dos estudos teóricos desenvolvidos, um caminho bastante interessante é o de aliar o uso desses materiais à perspectiva metodológica da resolução de problemas. Ou seja, é pela problematização ou por meio de boas perguntas que o aluno compreende relações, estabelece sentidos e conhecimentos a partir da ação com algum material que representa de forma concreta uma noção, um conceito, uma propriedade ou um procedimento matemático.

As atividades propostas no capítulo 3 exemplificam o sentido da problematização, que é sempre orientada pelos objetivos que se quer alcançar com a atividade. Assim, planejamento é essencial, pois é o estabelecimento claro de objetivos que permite perguntas adequadas e avaliação coerente.

Mas isso não é o suficiente; a aprendizagem requer sistematização, momentos de autoavaliação do aluno no sentido de tornar consciente o que foi aprendido e o que falta aprender; por isso, propomos que, além da problematização, os recursos da comunicação estejam presentes nas atividades com os materiais.

A oralidade e a escrita são aliadas que permitem ao aluno consolidar para si o que está sendo aprendido e, por isso, propomos mais dois recursos para complementar as atividades com os materiais manipulativos: a **produção de textos** pelo aluno e o **painel de soluções**.

Produção de textos pelo aluno

De acordo com Cândido (2001, p. 23), a escrita na forma de texto, desenhos, esquemas, listas constitui um recurso que possui duas características importantes:

> A primeira delas é que a escrita auxilia o resgate da memória, uma vez que muitas discussões orais poderiam ficar perdidas sem o registro em forma de texto. Por exemplo, quando o aluno precisa escrever sobre uma atividade, uma descoberta ou uma ideia, ele pode retornar a essa anotação quando e quantas vezes achar necessário.
> A segunda característica do registro escrito é a possibilidade da comunicação a distância no espaço e no tempo e, assim, de troca de informações e descobertas com pessoas que, muitas vezes, nem conhecemos. Enquanto a oralidade e o desenho restringem-se àquelas pessoas que estavam presentes no momento da atividade, ou que tiveram acesso ao autor de um desenho para elucidar incompreensões de interpretação, o texto escrito amplia o número de leitores para a produção feita.

O objetivo da produção do texto é que determina como e quando ele será solicitado ao aluno.

A produção pode ser individual, coletiva ou em grupo, dependendo da dificuldade da atividade, do que os alunos sabem ou precisam saber e dos objetivos da produção.

Ao propor a produção do texto ao final de uma atividade com um material didático, o professor pode perceber em quais aspectos da atividade os alunos apresentam mais incompreensões, em que pontos avançaram, se o que era essencial foi compreendido, que intervenções precisará fazer.

Antes de iniciar um novo tema com o auxílio de determinado material didático, o professor pode investigar o que o aluno já sabe para poder organizar as ações docentes de modo a retomar incompreensões, imprecisões ou ideias distorcidas referentes a um assunto e, ao mesmo tempo, avaliar quais avanços podem ser feitos. Esse registro pode ser revisto pelo aluno, que poderá incluir, após o final da unidade didática, suas aprendizagens, seus avanços, comparando com a primeira versão do texto.

Para uma sistematização das noções, a produção de textos pode ser proposta ao final da unidade didática, com a produção de uma síntese, um resumo, um parecer sobre o tema desenvolvido, no qual apareçam as ideias centrais do que foi estudado e compreendido.

> Auto-Avaliação - sobre prismas e pirâmides.
>
> Já vei que os primas e as pirâmides são sólidos geométricos, não rolam, os primas tem faces planas e paralelas, as pirâmides tem faces laterais triangulares.
>
> Na sala de aula, aprendi muitas coisas com os primas e as pirâmides, fiz um trabalho em grupo que o objetivo era para montar 3 prismas diferentes, um cubo de palitos e massa de modelar, outro só de massa de modelar e outro de papel. E um outro trabalho que fiz foi para separar os sólidos em 2 grupos e explicar como separou.
>
> Uma dica para contar as faces, vértices e arestas é sempre deixar o sólido de pé, porque se deixá-la deitada você vai se confundir com o número de faces vértices e arestas.
>
> As partes do sólido são as faces, as vértices e as arestas, que são muito importantes em algumas atividades de Matemática.
>
> Enfim, eu adorei aprender muitas coisas sobre os primas e sobre as pirâmides. Os primas são os cubos, paralelepípedo. As pirâmides são, a pirâmide de base quadrada, pirâmide de base hexagonal.

Texto produzido por aluna de 4º ano como autoavaliação sobre prismas e pirâmides.

Ao produzir esses textos, os alunos devem ir percebendo seu caráter de fechamento, a importância de apresentar informações precisas, incluir as ideias centrais, representativas do que ele está estudando.

Para o aluno, a produção de texto tem sempre a função de: organizar a aprendizagem; fazer refletir sobre o que aprendeu; construir a memória da aprendizagem; propiciar uma autoavaliação; desenvolver habilidades de escrita e de leitura.

Nessa perspectiva, enquanto o aluno adquire procedimentos de comunicação e conhecimentos matemáticos, é natural que a linguagem matemática seja desenvolvida.

As primeiras propostas de textos devem ser mais simples, mas devem servir para resumir ou organizar as ideias de uma aula. Bilhetes, listas, rimas, problemas são exemplos de tipos de textos que podem ser propostos aos alunos.

Depois de analisadas e discutidas (ver **Painel de soluções**, a seguir), é recomendável que essas produções sejam arquivadas pelo aluno em cadernos, pastas e livros individuais, em grupo ou da classe.

O importante é que essas produções de algum modo sejam guardadas para serem utilizadas sempre que preciso. Isso garante autoria, faz com que os alunos ganhem memória sobre sua aprendizagem, valorizem as produções pessoais e percebam que o conhecimento em matemática é um processo vivo, dinâmico, do qual eles também participam.

Painel de soluções

Na produção individual ou em duplas de desenhos, textos e, muito especialmente, no registro das atividades e na resolução de problemas, os alunos podem aprender com maior significado e avançar em sua forma de escrever ou desenhar se suas produções são expostas e analisadas no coletivo do grupo classe.

O **painel de soluções**, na forma de um mural ou espaço em uma parede da sala, ou ainda como um varal, é o local onde são expostas todas as produções dos alunos. Eles, em roda em torno desse mural, são convidados a ler os registros de colegas, e alguns deles convidados a falar sobre suas produções. É importante que tanto registros adequados quanto aqueles que estão confusos ou incompletos sejam lidos pelo grupo ou explicados por seu autor, num ambiente em que todos podem falar e ser ouvidos; cada aluno pode aprender com o outro e ampliar seu repertório de formas de registro.

Para Cavalcanti (2001, p. 137):

> Mesmo que algumas estratégias não estejam completamente corretas, é importante que elas também sejam afixadas para que, através da discussão, os alunos percebam que erraram e como é possível avançar. A própria classe pode apontar caminhos para que os colegas sintam-se incentivados a prosseguir.

Esse material deve ficar visível e ser acessível a todos por um tempo determinado pelo professor, em função do interesse dos alunos e das contribuições que ele pode trazer àqueles que ainda têm dificuldade para registrar o que pensam ou de como passar para o papel a forma como realizaram ou resolveram determinada situação.

Com o painel, há o exercício da oralidade quando cada aluno precisa apresentar sua resolução. O autor de cada produção precisa argumentar a favor ou contra uma forma de registro ou resposta, convencendo ou sendo convencido da validade do que pensou e produziu.

De acordo com Quaranta e Wolman (2006), a discussão em sala de aula a partir de uma mesma atividade pensada por todos os alunos e com mediação do professor tem como finalidade que o aluno tente compreender procedimentos e formas de pensar de outros, compare diferentes formas de resolução, analise a eficácia de procedimentos realizados por ele mesmo e adquira repertório de ideias para outras situações.

Exemplo de painel com soluções dos alunos para a formação de figuras com diferentes quantidades de triângulos do Tangram.

É muito importante que a discussão a partir do painel seja feita desde que todos os alunos tenham trabalhado com a mesma atividade, de modo que possam contribuir com suas ideias e dúvidas e nenhum deles fique para trás nesse momento de aprendizagem colaborativa.

Uma palavra sobre jogos

Os jogos são importantes recursos para favorecer a aprendizagem de matemática. Nesta Coleção, eles aparecem junto com um dos materiais manipulativos ou com apoio da calculadora.

Existem muitas concepções de jogo, mas nos restringiremos a uma delas, os chamados jogos de regras, descritos por vários pesquisadores, entre eles Kamii e DeVries (1991), Kishimoto (2000) e Krulic e Rudnick (1983).

As características dos jogos de regras são:
- O jogo deve ser para dois ou mais jogadores; portanto, é uma atividade que os alunos realizam juntos.
- O jogo tem um objetivo a ser alcançado pelos jogadores, ou seja, ao final deve haver um vencedor.
- A violação das regras representa uma falta.
- Havendo o desejo de fazer alterações, isso deve ser discutido com todo o grupo. No caso de concordância geral, podem ser feitas alterações nas regras, o que gera um novo jogo.

- No jogo deve haver a possibilidade de usar estratégias, estabelecer planos, executar jogadas e avaliar a eficácia desses elementos nos resultados obtidos.

Os jogos de regras podem ser entendidos como situações-problema, pois, a cada movimento, os jogadores precisam avaliar as situações, utilizar seus conhecimentos para planejar a melhor jogada, executar a jogada e avaliar sua eficiência para vencer ou obter melhores resultados.

No processo de jogar, os alunos resolvem muitos problemas e adquirem novos conhecimentos e habilidades. Investigar, decidir, levantar e checar hipóteses são algumas das habilidades de raciocínio lógico solicitadas a cada jogada, pois, quando se modificam as condições do jogo, o jogador tem que analisar novamente toda a situação e decidir o que fazer para vencer.

Os jogos permitem ainda a descoberta de alguma regularidade, quando aos alunos é solicitado que identifiquem o que se repete nos resultados de jogadas e busquem descobrir por que isso acontece. Por fim, os jogos têm ainda a propriedade de substituir com grande vantagem atividades repetitivas para fixação de alguma propriedade numérica, das operações, ou de propriedades de figuras geométricas.

Nesta Coleção, com o objetivo de potencializar a aprendizagem, aliamos os jogos à resolução de problemas e aos registros escritos ou à exposição de ideias e argumentos oralmente pelos alunos. Por esse motivo, na descrição das atividades no capítulo 3, os jogos são apresentados da mesma forma que as demais atividades com os materiais manipulativos.

Sugerimos ainda que os parceiros de jogo sejam mantidos no desenvolvimento das diversas etapas propostas para cada jogo, para que os alunos não precisem se adaptar ao colega de jogo a cada partida. Para evitar a competitividade excessiva, você pode organizar o jogo de modo que duplas joguem contra duplas, para que não haja vencedor, mas dupla vencedora, e organizar as duplas de modo que não se cristalizem papéis de vencedor nem de perdedor.

Para terminar

O ensino de matemática no qual os alunos aprendem pela construção de significados pode ter como aliado o recurso aos materiais manipulativos, desde que as atividades propostas permitam a reflexão por meio de boas perguntas e pelo registro oral ou escrito das aprendizagens.

Como aliados do ensino, os materiais manipulativos podem ser abandonados pelo aluno na medida em que ele aprende. Embora sejam possibilidades mais concretas e estruturadas de representação de conceitos ou procedimentos, os materiais não devem ser confundidos com os conceitos e as técnicas; estes são aquisições do aluno, pertencem ao seu domínio de conhecimento, à sua cognição. Daí a importância de que as ideias ganhem sentido para o aluno além do manuseio com o material; a problematização e a sistematização pela oralidade ou pela escrita são essenciais para que isso aconteça.

De acordo com Ribeiro (2003), observou-se que alunos bem-sucedidos na aprendizagem possuíam capacidades cognitivas que lhes permitiam compreender a finalidade da tarefa, planejar sua realização, aplicar e alterar conscientemente estratégias de estudo e avaliar seu próprio processo durante a execução. Isso é o que chamamos de competências metacognitivas bem desenvolvidas. Foi também demonstrado que essas competências influenciam áreas fundamentais da aprendizagem escolar, como a comunicação e a compreensão oral e escrita e a resolução de problemas.

Ou seja, durante o processo de discussão e resolução de situações-problema, o aluno é incentivado a desenvolver sua metacognição ao reconhecer a dificuldade na sua compreensão de uma tarefa, ou tornar-se consciente de que não compreendeu algo. Saber avaliar suas dificuldades e/ou ausências de conhecimento permite ao aluno superá-las, recorrendo, muitas vezes, a inferências a partir daquilo que sabe.

Brown (apud Ribeiro, 2003, p. 110) chama a atenção para "a importância do conhecimento, não só sobre aquilo que se sabe, mas também sobre aquilo que não se sabe, evitando assim o que designa de ignorância secundária – não saber que não se sabe". O fato de os alunos poderem controlar e gerir seus próprios processos cognitivos exerce influência sobre sua motivação, uma vez que ganham confiança em suas próprias capacidades.

Nesse sentido, os recursos da comunicação vêm para potencializar o processo de aprender. Isto é, de acordo com Ribeiro (2003, p. 110):

> [...] o conhecimento que o aluno possui sobre o que sabe e o que desconhece acerca do seu conhecimento e dos seus processos parece ser fundamental, por um lado, para o entendimento da utilização de estratégias de estudo, pois presume-se que tal conhecimento auxilia o sujeito a decidir quando e que estratégias utilizar e, por outro, ou consequentemente, para a melhoria do desempenho escolar.

Assim, a contribuição dessa proposta de ensino é que o processo de reflexão, a que se referem os teóricos apresentados no início deste texto, se concretize em ações de ensino com possibilidade de desenvolver também atitudes valiosas, como a confiança do aluno em sua forma de pensar e a abertura para entender e aceitar formas de pensar diversas da sua. Na tomada de consciência de suas capacidades e faltas, o aluno caminha para o desenvolvimento do pensar autônomo.

2

Materiais didáticos manipulativos para o ensino do Sistema de Numeração Decimal

O Sistema de Numeração Decimal

Os números e as operações ocupam boa parte dos currículos e do tempo das aulas de matemática nos anos iniciais do Ensino Fundamental. E saber se os alunos estão avançando em relação a esses conteúdos é muitas vezes confundido com o fato de eles saberem ou não fazer contas. No entanto, como pretendemos mostrar neste texto, muitos são os conceitos e procedimentos envolvidos na efetiva aprendizagem dos números e das operações.

O Sistema de Numeração Decimal (SND) é apontado como um relevante aspecto para a compreensão das quatro operações básicas. O entendimento das regras que regem esse sistema necessariamente deve ser desenvolvido ao longo da Educação Infantil e do Ensino Fundamental. As pesquisadoras Lerner e Sadovsky (2008, p. 74) afirmam que "[...] as crianças parecem não entender que os algoritmos convencionais estão baseados na organização de nosso sistema de numeração" e que essa dificuldade não é particular dessa ou daquela criança, mas foi verificada por diversos pesquisadores de diferentes países.

Por outro lado, como produto cultural e objeto de uso social, o contato das crianças com o Sistema de Numeração Decimal não se restringe à escola. Ao consultar o preço de um brinquedo, ao verificar no calendário quantos dias faltam para seu aniversário, ao mudar o canal da televisão no controle remoto, ao conferir o placar de um jogo, ao teclar o número do celular da mãe etc., a criança tem contato e desenvolve conhecimentos próprios sobre essa forma de representação e passa a atribuir significado e função para cada uma dessas escritas numéricas.

Na perspectiva de Lerner e Sadovsky (2008), as crianças se aproximam do conhecimento do sistema de numeração quando, diante de problemas, levantam hipóteses e as comparam com as das outras crianças, explicam e justificam seus procedimentos pessoais, tornando possível a percepção dos seus próprios erros e reelaborando seus conceitos de tal forma que possam gradativamente se apropriar da compreensão da notação convencional de quantidades usando números.

O papel da escola é, então, o de transformar o que as crianças sabem sobre números por meio de suas vivências em conhecimento sistematizado e orientar o uso da linguagem adequada que permita a elas utilizar os números em diferentes situações e entender a leitura e a escrita dos números, respeitando as regras do Sistema de Numeração Decimal.

A forma como se estrutura o ensino é, portanto, importante para que essa aprendizagem aconteça. Moreno (2008) enfatiza que, para aprender matemática, as crianças precisam se deparar com problemas e refletir sobre eles, de tal maneira que construam o sentido dos conhecimentos, e que isso só será efetivo quando tais conhecimentos forem utilizados como ferramentas para solucionar outros problemas.

Isso significa que é pela proposição de situações-problema que devem ser apresentadas as atividades, de modo que os alunos tenham oportunidade de refletir e usar os números, descobrir relações entre a numeração oral e escrita, realizar inferências que poderão ser generalizadas para outros números.

Entretanto, se podemos partir do que as crianças sabem sobre números, é preciso que as atividades permitam a análise de números em contextos significativos. Isso implica não limitar a apresentação e a discussão a um intervalo fixado, nem determinar que os números sejam estudados em ordem numérica. Além disso, como é pela troca de experiências, nos debates e comunicações de ideias, que as crianças têm oportunidade de elaborar seus conhecimentos, não podemos nos ater a atividades de escrita de números apenas. As folhinhas de cópia e escrita de números e de associação de imagens a números são exemplos muito simplistas e bastante criticados pelos pesquisadores como estratégias para o ensino de números.

Essas orientações têm sua origem nas pesquisas que Lerner e Sadovsky (2008) realizaram na tentativa de entender como as crianças elaboram os conhecimentos relacionados à numeração escrita. Um dos resultados dessa investigação mostra que, mesmo sem saber sobre as ordens do Sistema de Numeração Decimal, ou seja, o que são unidades, dezenas e centenas, as crianças constroem, desde muito cedo, hipóteses em relação à comparação e à escrita de números que elas não sabem ler ou identificar.

É pela comparação de números de quantidades de algarismos diferentes que as crianças estabelecem alguma relação entre a posição dos algarismos e o valor que eles representam; percebem regularidades ao interagir com a escrita numérica e buscam, por meio de sua ação intelectual e na interação com o "mundo real", representar os números, utilizando-se da escrita.

Nesse processo, uma das hipóteses identificadas entre as crianças ao compararem quantidades na forma de números escritos é a de que, quanto maior for o número de algarismos na escrita de um número, maior ele é, e de que esse fato não depende do contato com a sequência dos nomes dos números, porém, quando "as crianças conhecem o nome dos números que estão comparando, justificam suas afirmações apelando não só à quantidade de algarismos, mas também ao lugar que ocupam na sequência numérica oral" (LERNER e SADOVSKY, 2008, p. 79).

Lerner e Sadovsky (2008, p. 81) constataram também outra hipótese das crianças de que a posição que o algarismo ocupa no número exerce função relevante, contudo, sem ter clareza do real significado dessa relação. Esse fato fica explícito quando as pesquisadoras pedem que crianças comparem dois números com quantidades iguais de algarismos e elas afirmam que o número escolhido é maior porque o "primeiro [algarismo] é quem manda".

Outro tipo de hipótese que as crianças possuem está relacionado à escrita dos números maiores do que dez, e que é nomeada por Lerner e Sadovsky de "escrita dos nós", também citada por Moreno (2008) como números rasos. Elas afirmam que "a apropriação da escrita convencional dos números não segue a ordem da série numérica" (LERNER; SADOVSKY, 2008, p. 87). As crianças, em um primeiro momento, manipulam a escrita dos números exatos ou nós do sistema de numeração, como 20, 30, ..., 100, 200, 300, 500, 1 000, entre outros, e só posteriormente produzem escritas de números que se posicionam nos intervalos entre os nós. Por exemplo, para escrever um número ditado – 124 –, encontraremos em registros de crianças 100204 ou 10024 ou 10204.

Na mesma pesquisa, as autoras constataram também que a numeração falada, ao mesmo tempo que apoia a criança na elaboração de suas hipóteses sobre a escrita dos números, pode ser um fator a ser transposto quando a forma como se fala um número é muito distinta da forma como ele deve ser escrito. Números como onze ou treze não têm na sua oralidade qualquer pista sobre como devem ser escritos.

Essas pesquisadoras sugerem a tomada de consciência pela criança como forma de ensino que permite avançar e mudar suas hipóteses iniciais. É pela discussão entre suas compreensões e as de outras crianças e a comparação com números escritos em portadores numéricos, tais como calendários, fitas métricas e páginas de livros, que elas podem perceber que sua forma de escrever os números não é a mesma que as demais pessoas utilizam. Um exemplo para que os alunos avancem em suas hipóteses de que os números são escritos da mesma maneira como são falados e que a quantidade de algarismos é que determina a sua grandeza pode ser observado quando os alunos sabem que o número mil é representado por 1 000 e quando escrevem cento e vinte e quatro como 100204. Ao comparar ambas as escritas, deparam-se com um conflito: como o primeiro número, o cento e vinte e quatro, que é menor que o segundo, mil, tem mais algarismos? Pela primeira hipótese levantada pela criança, essa regra não pode ser validada, causando assim um desequilíbrio e levando o aluno a construir uma nova hipótese.

Para que a criança se aproprie da numeração escrita e compreenda toda a sua complexidade, é imprescindível que a utilize da sua maneira, dentro de um contexto significativo, e que reflita sobre ela de tal forma que busque regularidades. Lerner e Sadovsky (2008, p. 116) afirmam que "usar a numeração escrita é produzir e interpretar escritas numéricas, é estabelecer comparações entre tais escritas, é apoiar-se nelas para resolver ou representar operações".

A percepção das regularidades do sistema começa a surgir quando, na tentativa de resolver os problemas, a criança estabelece novas relações, pensa sobre as possíveis respostas e os procedimentos utilizados, discute diferentes soluções, confirma ou rejeita determinados conhecimentos. E, para que haja avanço nesse sentido, é indispensável que se faça análise das regularidades presentes na sequência numérica.

Apresentar diversos intervalos da sequência numérica e trabalhar com eles propicia comparações entre números, podendo estes ter ou não a mesma quantidade de algarismos. Tal procedimento fomenta a elaboração de conclusões relacionadas à quantidade de algarismos e à ordem do número; por exemplo, a ordem da centena é escrita por três algarismos, a da dezena por dois e assim sucessivamente.

O trabalho desenvolvido em sala de aula envolvendo a escrita numérica na sua íntegra, assim como os problemas relacionados à sua utilização, estão diretamente ligados ao caráter provisório dos conceitos construídos pelas crianças e à complexidade do sistema de numeração.

Lerner e Sadovsky (2008, p. 118) sugerem quatro atividades básicas necessárias para se desenvolver um trabalho com números:

> Já que o sistema de numeração é portador de significados numéricos – os números, a relação de ordem e as operações aritméticas envolvidas em sua organização –, operar e comparar serão aspectos ineludíveis do uso da numeração escrita. Também será imprescindível produzir e interpretar escritas numéricas, já que produção e interpretação são atividades inerentes ao trabalho com um sistema de representação.

É muito difícil pensar separadamente em cada uma dessas atividades – operar, comparar, produzir e interpretar –, pois as quatro estão diretamente relacionadas entre si. Para comparar números, assim como para operar com eles, é preciso produzir e interpretar escritas numéricas. Portanto, as pesquisadoras decidiram dividir as atividades básicas para aprender o Sistema de Numeração Decimal em somente duas categorias: ordenar e operar; assim, consequentemente, a produção e a interpretação de escritas numéricas aparecem inseridas em ambas as categorias.

As atividades propostas com os **materiais manipulativos** nesse caderno seguem essa proposta. Ao longo da exploração com cada material, os alunos devem comparar e ordenar números, operar com os valores representados por escritas numéricas e com os materiais; e, para que isso aconteça, é preciso ler e escrever os números e os resultados das operações realizadas.

Os materiais manipulativos que apresentaremos a seguir e as atividades propostas têm como objetivo principal permitir ao aluno as ações de comparar, ordenar, operar, ler e escrever números. A estrutura que constitui esses materiais é especialmente interessante, pois permite a análise das regularidades presentes na sequência numérica. Os materiais específicos para desenvolver a compreensão do Sistema de Numeração Decimal que serão apresentados neste texto são:

Ábaco de pinos

Fichas sobrepostas

Calculadora *(Apêndice)*

Atividades de Sistema de Numeração Decimal com materiais didáticos manipulativos

Em todo o texto apresentado até aqui, duas perspectivas metodológicas formam a base do projeto dos materiais manipulativos para aprender matemática: a utilização dos recursos de **comunicação** e a proposição de **situações-problema**.

Elas se aliam e se revelam, neste texto, na descrição das etapas de cada atividade ou jogo. São sugeridos os encaminhamentos da atividade na forma de questões a serem propostas aos alunos antes, durante e após a atividade propriamente dita, assim como a melhor forma de apresentação do material a ser utilizado.

Para começar, é importante que os alunos tenham a oportunidade de manusear o material livremente para que algumas noções comecem a emergir da exploração inicial, para que depois, na condução da atividade, as relações percebidas possam ser sistematizadas.

De modo geral, cada **sequência de atividades** apresenta as seguintes partes:
- **Conteúdo**
- **Objetivos**
- **Organização da classe** (sob a forma de ícone)
- **Recursos**
- **Descrição das etapas**
- **Atividades**
- **Respostas**

Em cada sequência, a organização da classe é indicada por meio de ícones, que aparecem ao lado do item "Conteúdos". Os ícones utilizados são os seguintes:

Individual   Dupla   Trio   Quarteto   Grupo de cinco

Quando houver mais de uma forma de organização dos alunos, isso é indicado por mais de um ícone.

Cada uma das sequências de atividades propõe na descrição das etapas uma série de procedimentos para o ensino e para a organização dos alunos e dos materiais, de modo a assegurar que os objetivos sejam alcançados.

O texto que descreve as etapas de cada sequência foi escrito para ser uma conversa com o professor e visa explicitar nossa proposta de uso de cada material. Nas etapas estão detalhadas a organização da classe, a forma como idealizamos a apresentação do material aos alunos, as questões que podem orientar o olhar deles para o que queremos ensinar, as atividades que serão propostas a todos de forma escrita ou oral, a proposição de painéis ou rodas de discussão, o que se espera como registro dos alunos e orientações para avaliação da aprendizagem.

Durante a descrição das etapas, muitas vezes o texto é interrompido por uma seção chamada **Fique atento!**, na qual se destaca alguma propriedade matemática que o professor deve conhecer para melhor encaminhar a atividade, ou então se enfatiza alguma questão metodológica importante para a compreensão da forma como a atividade está proposta no texto.

Depois da descrição das etapas, vêm as atividades referentes ao tema ou procedimento tratado, seguidas das respectivas respostas. Há, no entanto, casos em que essa ordem é invertida: as respostas aparecem antes das atividades. Essa inversão foi feita para que as atividades pudessem ser agrupadas numa página em separado, a fim de possibilitar ao professor reproduzi-la e distribuí-la para os alunos. As atividades em que isso ocorre são aquelas que apresentam imagens que dificultariam a sua reprodução no quadro pelo professor e, principalmente, a sua reprodução no caderno pelo aluno. Todas as atividades do livro estão disponíveis para *download*, como indicado pelo ícone ao lado. Para baixá-las, em www.grupoa.com.br, acesse a página do livro por meio do campo de busca e clique em Área do Professor.

Cabe agora a você, professor, refletir sobre seu planejamento para determinar quando e como utilizar os materiais manipulativos, assim como qual é o momento em que eles devem ser abandonados. É pela avaliação constante das aprendizagens dos alunos e de suas observações em cada atividade que essas decisões podem ser tomadas de forma mais adequada e eficiente.

Ábaco de pinos

O ábaco é a mais antiga máquina de calcular construída pelo ser humano. Conhecido desde a Antiguidade pelos egípcios, chineses e etruscos, era formado por estacas fixas verticalmente no solo ou em uma base de madeira. Em cada estaca eram colocados pedaços de ossos ou de metal, pedras, conchas para representar quantidades. O valor de cada peça dependia da estaca onde era colocada.

Para as atividades deste bloco propomos a construção de um ábaco composto de pinos nos quais são colocadas argolas ou contas; o valor depende do pino onde as contas são colocadas. Da direita para a esquerda, os pinos representam as ordens das unidades, dezenas, centenas e unidades de milhar.

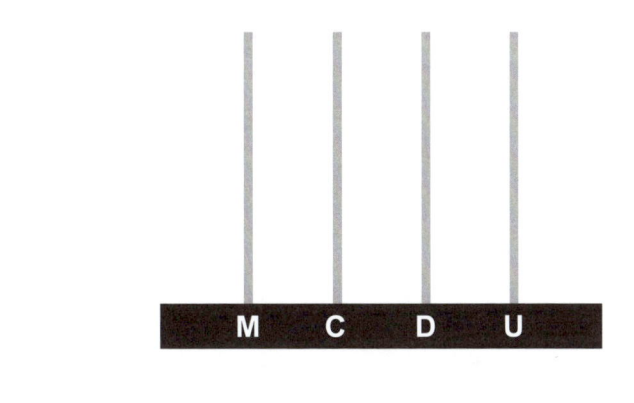

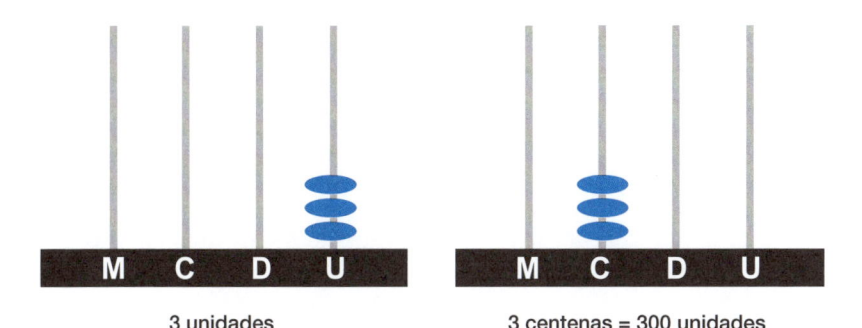

3 unidades

3 centenas = 300 unidades

O ábaco, além de ser um recurso para representar quantidades em um modelo que enfatiza as ordens na escrita de números no Sistema de Numeração Decimal, permite representar cálculos de adição e de subtração. O ábaco reproduz com facilidade os agrupamentos presentes na adição e os recursos necessários em uma subtração, permitindo ao aluno perceber as relações presentes nos cálculos convencionais dessas operações.

Ábaco de pinos

A partir do 4º ano, as atividades passam a envolver também os números racionais decimais, sua leitura e escrita, e a comparação e as operações de adição e subtração com esses números.

Assim, os objetivos principais das atividades são:
- Compreender o valor posicional de cada algarismo na escrita de um número.
- Comparar quantidades pela escrita numérica.
- Perceber regularidades do Sistema de Numeração Decimal: aditivo e decimal.
- Compreender a estrutura dos algoritmos convencionais para a adição e a subtração.

O material

Existem ábacos feitos de madeira e com argolas de plástico que são comercializados. No entanto, esse material também pode ser produzido pelos alunos com recursos simples.

O ideal é que cada aluno tenha seu ábaco para a realização das atividades, mas é possível trabalhar em duplas ou trios, desde que todos tenham a oportunidade de manusear o material.

Observe dois ábacos de madeira:

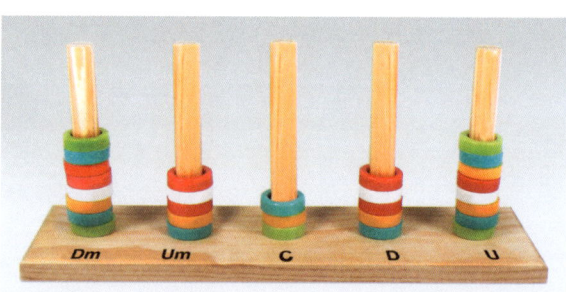

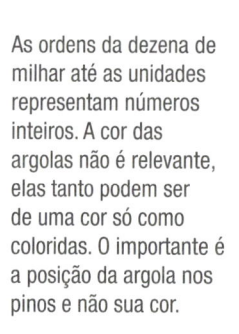

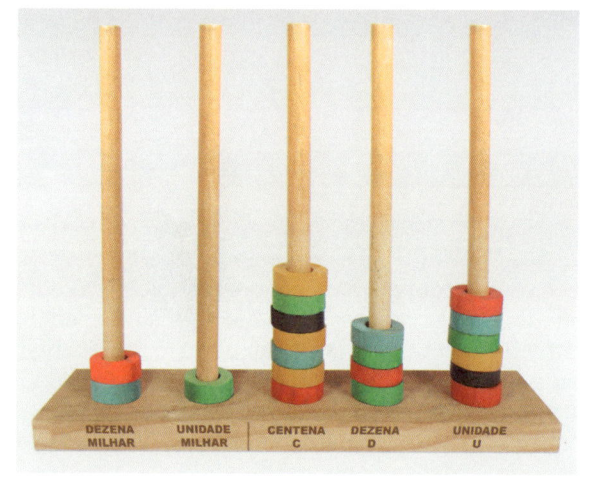

As ordens da dezena de milhar até as unidades representam números inteiros. A cor das argolas não é relevante, elas tanto podem ser de uma cor só como coloridas. O importante é a posição da argola nos pinos e não sua cor.

32 | Coleção Mathemoteca | Sistema de Numeração Decimal

Fotos: Pix Art

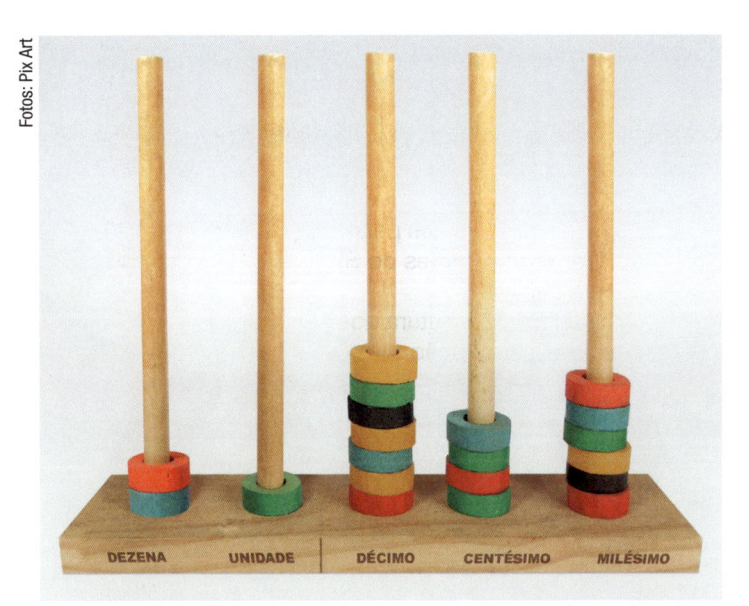

Para a representação de números decimais, neste ábaco as duas ordens da esquerda representam dezenas e unidades e foram separadas, por um traço que corresponde à vírgula, das ordens à direita, ou seja, dos décimos, centésimos e milésimos.

É possível fazer um ábaco com uma caixa de ovos e palitos para churrasco, mais simples que os ábacos de madeira. As argolas podem ser botões grandes, ganchos de cortina, macarrão em argola, tampinhas furadas...

Ábaco confeccionado com caixa de ovos e palitos para churrasco. Diversos outros materiais também podem ser usados para se produzir um ábaco.

Ábaco de pinos

Ábaco de pinos

Fotos: Pix Art

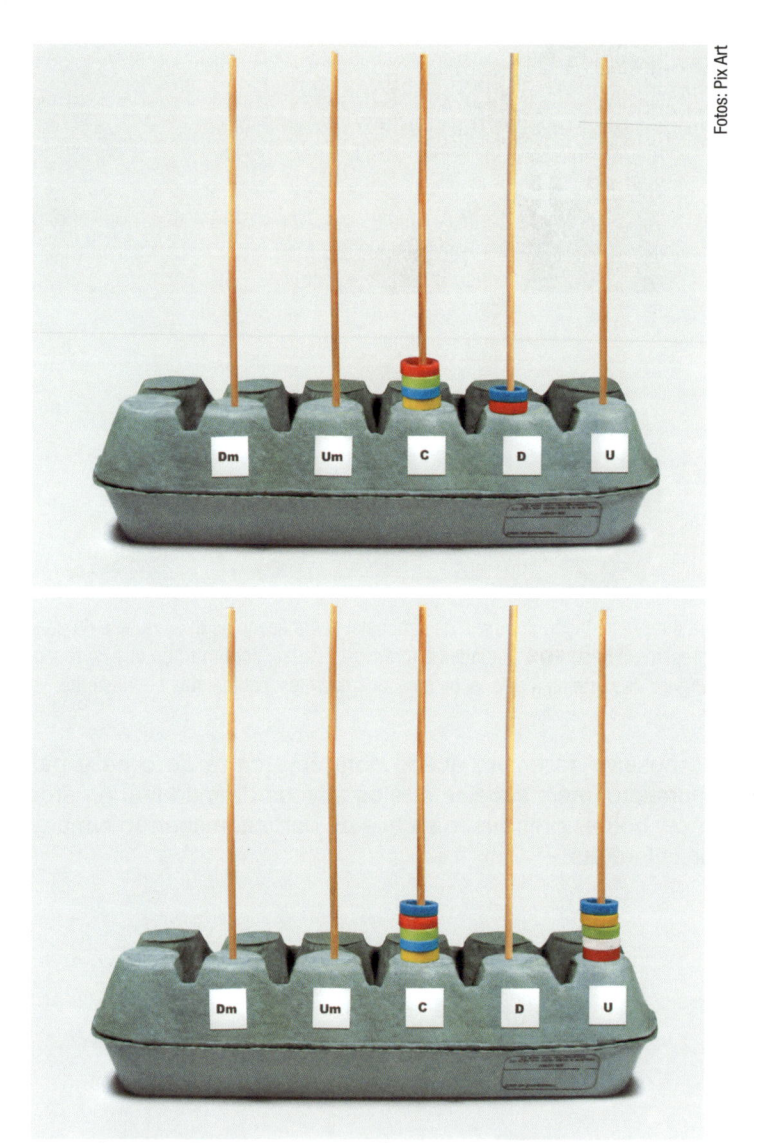

Nestes ábacos estão representados os números 420 e 505.

É interessante preencher a caixa de ovos com areia para que ela fique pesada e fixe melhor os palitos. Feche a caixa com fita adesiva para evitar que a areia caia.

1° 2° **3°** 4° 5° | ANO ESCOLAR

1 Explorando o ábaco

Conteúdo
- Sistema de Numeração Decimal

Objetivos
- Explorar o material
- Identificar no ábaco o valor posicional
- Representar números no ábaco

Recursos
- Um ábaco para cada aluno

fique atento!

O ábaco de pinos favorece a compreensão da estrutura de agrupamentos e trocas. A sua utilização se dá de acordo com o valor posicional. Ao colocar uma argola no primeiro pino da direita, ela vale uma unidade. Cada bolinha colocada no segundo pino da direita para a esquerda vale uma dezena; no terceiro pino vale uma centena; no quarto pino vale uma unidade de milhar.
O máximo de argolas em cada um dos pinos é nove; quando há mais do que nove é necessário fazer a troca.

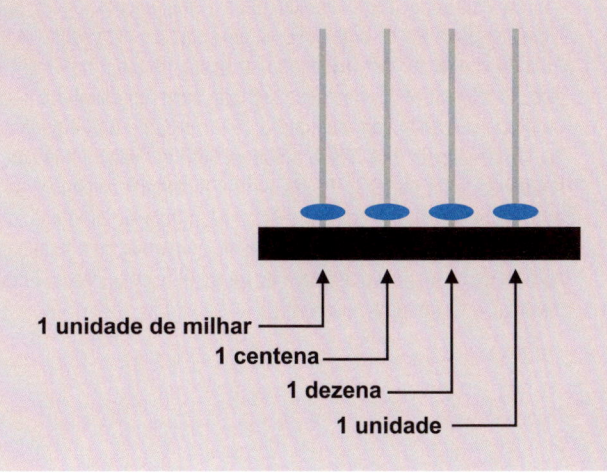

- 1 unidade de milhar
- 1 centena
- 1 dezena
- 1 unidade

Ábaco de pinos | 35

Descrição das etapas

- **Etapa 1**

Entregue um ábaco para cada aluno. Deixe-os explorar o material livremente. Provavelmente eles brincarão com as argolas trocando-as de pino.

Fale aos alunos que esse é um material para representar números. Pergunte como eles acham que o número pode ser representado nesse material. Deixe-os falarem suas ideias. Se possível, registre no mural as hipóteses deles sobre o uso do ábaco.

- **Etapa 2**

Entregue um ábaco para cada aluno. Mostre que, para representar o número 471, utilizamos as argolas no ábaco como representado na figura abaixo. Discuta com eles o que significa cada argola e o valor de cada uma. Pergunte a eles se acham que as argolas têm o mesmo valor quando colocadas em pinos diferentes.

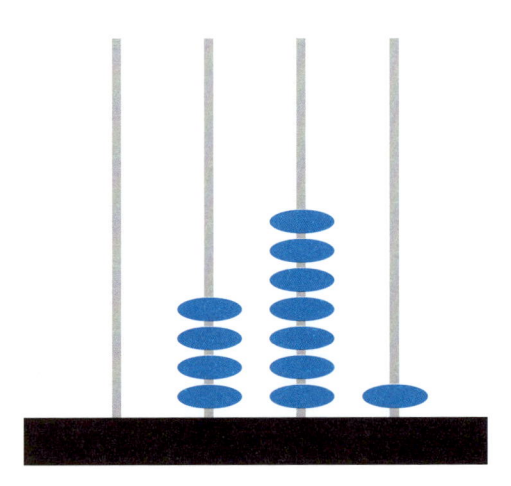

Peça que as crianças coloquem uma argola no pino da direita do ábaco. Pergunte que número está sendo representado. Peça a eles que adicionem argolas no mesmo pino até o nove, perguntando de uma em uma qual número está sendo representado.

Quando chegar ao dez, explique que nesse material não colocamos dez argolas em um pino. Problematize: "O que pode ser feito para representar o dez, então?".

Continue contando com eles até o 19 e pergunte o que podem fazer para representar o 20. Dê sequência à atividade até identificar que eles estão começando a compreender a regularidade do material. Problematize colocando o número 99 e perguntando ao grupo o que aconteceria ao colocar mais uma argola no pino das unidades. Deixe-os discutir inicialmente em duplas ou trios antes de conversar com todo o grupo.

Ao final desta etapa, volte à lista do mural feita com eles na Etapa 1, de como utilizar esse material, e façam uma nova lista.

1° 2° **3°** 4° 5° ANO ESCOLAR

2 Explorando números no ábaco

Conteúdo
- Sistema de Numeração Decimal

Objetivos
- Compreender o valor posicional da escrita dos números
- Representar números no ábaco

Recursos
- Um ábaco para cada aluno, caderno e lápis

Descrição das etapas

- **Etapa 1**

Entregue um ábaco a cada aluno e peça que se sentem em duplas, lado a lado.
Represente no ábaco o número 532 e pergunte qual foi o número que você formou. Peça que justifiquem suas respostas. Deixe-os confrontar respostas diferentes, caso surjam.

fique atento!

Alguns alunos colocam as argolas na posição invertida, por exemplo, 235 em vez de 532. Ande pela sala enquanto eles trabalham com o ábaco para ver se algum aluno está fazendo isso. Se necessário, registre no quadro os dois números e discuta com os alunos se os números são iguais e se podemos escrevê-los de qualquer uma das duas maneiras.

Em seguida, peça que representem vários números com o material. Por exemplo: o número de alunos da sala; o número da casa onde mora; sua idade; a idade da mãe ou outros números sugeridos pelas crianças.

- **Etapa 2**

Entregue um ábaco a cada aluno e peça que se sentem em duplas, lado a lado.
Peça que formem o número 324. Pergunte a eles quantas argolas colocaram em cada pino. Repita a mesma proposta para os números 808, 120, 2 304, 640, 5 003, 4 016.
Escreva no quadro os seguintes números e peça que eles representem no ábaco e registrem em um papel ou no caderno:

Ábaco de pinos | 37

- oito mil e doze
- sete mil, quinhentos e noventa e quatro
- trezentos e três
- oitocentos e setenta e um

- **Etapa 3**

Entregue um ábaco a cada aluno e peça que se sentem em duplas, lado a lado.

Peça que representem o número 3 333 e questione quantas argolas eles usaram, quantas argolas ficaram em cada pino, quanto vale cada argola de cada um dos pinos, quanto valem as três argolas do primeiro pino, do segundo, do terceiro e do quarto pino. Repita a proposta para outros números (2 020, 4 555, ...).

Ao terminar de montar um número, problematize com o grupo: "Se eu tirar as argolas deste pino, que número estará representado?"; "Se eu colocar essas três argolas neste pino, que número teremos agora?"...

Em seguida, peça que um aluno da dupla monte um número e o outro descubra qual número foi formado.

1º 2º **3º** 4º 5º ANO ESCOLAR

3 Montando números no ábaco

Conteúdo
- Sistema de Numeração Decimal

Objetivos
- Identificar o valor posicional dos números
- Comparar números

Recursos
- Um ábaco para cada aluno, caderno e lápis
- Pote ou caixa para colocar as argolas do ábaco

Descrição das etapas

- **Etapa 1**

Entregue um ábaco a cada aluno e peça que se sentem em duplas, lado a lado. Proponha que façam a atividade 1, encontrada mais à frente, no item "Atividades".

Estimule as crianças a discutir se o número que o colega quis representar coincidiu com o número representado.

Circule pela classe durante a atividade e registre dificuldades que as crianças estejam sentindo. Após algumas construções de números, problematize com o que você anotou. Exemplo: "Em um ábaco estava montado o seguinte número:

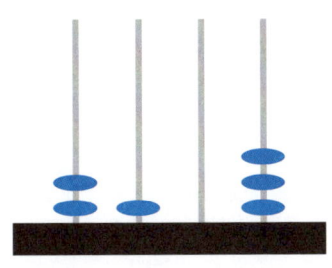

Uma das crianças da dupla falou que era 2 103 e a outra disse que era 2 013. Identifiquem e justifiquem a resposta correta."

> *fique atento!*
> Nesta atividade é importante que os alunos estejam lado a lado, pois a posição do ábaco vista do outro lado altera o número representado.

Ábaco de pinos | 39

- **Etapa 2**

Entregue um ábaco a cada aluno e peça que se sentem em duplas, lado a lado. Proponha que façam a atividade 2.

Após a atividade, amplie a conversa pedindo às crianças que discutam sobre o que elas precisavam fazer para que o número fosse "um número grande"; sobre quais pinos elas mais usaram para fazer os números grandes; por que elas usaram esses pinos...

> **fique atento!**
>
> Alguns alunos tentarão colocar mais de nove argolas no pino do milhar caso consigam pegar essa quantidade; nesse caso é necessário rediscutir a utilização do ábaco, como as argolas podem ser colocadas e qual o máximo possível em cada pino.

- **Etapa 3**

Entregue um ábaco a cada aluno e peça que se sentem em duplas, lado a lado. Proponha que façam novamente a atividade 2, mas com uma modificação: agora eles terão que formar o menor número possível.

Proceda à mesma discussão da Etapa 2. Provavelmente a discussão será mais elaborada que a anterior. Utilize esta atividade para avaliar se as crianças já estão se apropriando do significado do valor posicional dos algarismos na escrita de um número.

Elabore com eles uma lista de dicas para formar o menor número e peça que registrem no caderno.

- **Etapa 4**

Peça às crianças que, em dupla, refaçam a lista de dicas da Etapa 3, modificando o que for necessário para que a lista seja: "Para formar o maior número".

Promova uma discussão entre as crianças para que comparem as listas feitas pelas duplas. Dê um tempo para as crianças que quiserem modificar ou acrescentar algo na sua nova lista.

ATIVIDADES

1. a) Coloque as argolas dos ábacos no meio da mesa, em um pote ou caixa.
   b) Com os olhos fechados, pegue, sem contar, algumas argolas da caixa.
   c) Com as argolas que pegar, monte um número em seu ábaco.
   d) Cada um da dupla deve adivinhar qual é o número que o colega representou.
   e) Registre no caderno os dois números: o seu e o do seu colega.

2. a) Coloque as argolas dos ábacos no meio da mesa, em um pote ou caixa.
   b) Com os olhos fechados, pegue, sem contar, algumas argolas da caixa.
   c) Com as argolas que pegar, monte o maior número que conseguir em seu ábaco.
   d) Compare com seu colega os números representados por vocês.
   e) Registre no caderno somente o maior número formado e o nome de quem conseguiu formá-lo.
   f) Após dez jogadas, vejam quem conseguiu formar mais vezes o maior número.

1º 2º **3º** 4º 5º ANO ESCOLAR

4 Ábaco – mudando algarismos

Conteúdo
- Sistema de Numeração Decimal

Objetivos
- Representar números no ábaco
- Comparar o valor posicional dos diversos algarismos em um número

Recursos
- Cinco pedaços de papel com números escritos para cada aluno (sugestões: 1 203, 5 186, 7 869, 4 068, 8 216, 2 179, 749, 213, 715, 308)
- Um ábaco para cada dupla, caderno e lápis

Descrição das etapas

- **Etapa 1**

Entregue um ábaco a cada dupla e peça que se sentem um em frente ao outro com o ábaco entre eles.
O primeiro aluno pega um dos números de seus papéis, representa-o no ábaco e registra-o no caderno sem que o colega veja.
O colega que está sentado do outro lado do ábaco deve registrar no caderno o número que vê no ábaco, também sem que o outro veja o que está escrevendo.
Em seguida, o segundo aluno faz o mesmo com um de seus números.
Após o término dos dez registros (cinco para cada aluno da dupla), eles devem comparar os cadernos e ver os números registrados.
Provavelmente, algumas crianças perceberão que os números estarão invertidos.
Após a comparação dos cadernos, promova uma discussão coletiva sobre o que aconteceu com os números e por que isso ocorreu.
Registre no quadro os pares de números (exemplo: 1 203 e 3 021).
Pergunte a eles se é indiferente a posição dos algarismos no número. Discuta também o valor de cada algarismo nos diferentes números (exemplo: no primeiro, o 2 vale duzentos e, no outro, vale vinte).

- **Etapa 2**

Entregue um ábaco a cada dupla e peça que se sentem um ao lado do outro.
Escreva no quadro três algarismos diferentes, por exemplo: 2, 3 e 7. Peça que cada dupla represente no ábaco um número que se escreve com esses três algarismos, sem

repetir os algarismos em um mesmo número. Peça a eles que falem quais números formaram com esses algarismos e registre-os no quadro. Veja se apareceram as seis opções possíveis:

237   **273**   **327**   **372**   **723**   **732**

Caso não tenham aparecido todas as opções, desafie-os a encontrar os números que ainda não apareceram, até formarem todos.

Escreva agora no quadro outros algarismos, por exemplo: 9, 6, 8, 7. Peça aos alunos que formem todos os números possíveis com esses algarismos e registrem no caderno. Discuta com a classe até verificarem que há 24 opções.

fique atento!

O objetivo não é que eles saibam quantos números é possível formar com determinada quantidade de algarismos, mas que percebam que, quanto mais algarismos, maiores as possibilidades.

- **Etapa 3**

Escolha alguns dos números feitos no ábaco e trabalhe com os alunos a leitura e a escrita desses números. O registro dessa atividade pode ser feito no caderno.

ANO ESCOLAR

5 Ábaco – qual o mais próximo?

Conteúdos
- Sistema de Numeração Decimal
- Estimativa numérica

Objetivos
- Identificar o valor posicional dos algarismos em um número
- Comparar números

Recursos
- Pote ou caixa para colocar as argolas dos ábacos
- Um ábaco para cada quarteto ou quinteto, caderno e lápis

Descrição das etapas

- **Etapa 1**

Entregue um ábaco para cada quarteto ou quinteto. Proponha que façam a atividade 1, mais à frente, e monte no quadro a tabela do item **d** da atividade 1.

Sugira que, inicialmente, eles montem, um de cada vez, o número que mais se aproxima do número 1 000 e anotem em seus cadernos. Se todos os alunos pegaram mais do que uma argola, nenhum deles conseguirá montar o número 1 000. Discuta, então, com as crianças qual delas mais se aproximou desse número. Promova uma discussão a partir dos números formados. Exemplo: por que 1 111 é maior do que 1 003? Aproveite para mostrar que os dois utilizaram quatro argolas, mas que colocadas em diferentes posições geram números com valores diferentes.

Oriente-os como montar e completar a tabela sugerida na atividade 1.

Repita a mesma atividade para outros números: 3 586, 2 004, 7 846, 1 002, ...

No início, algumas crianças talvez fiquem incomodadas porque não têm argolas suficientes para montar exatamente os números pedidos; então, estimule o grupo que mais se aproximou a explicar para a classe como pensou para construir o número mais próximo.

- **Etapa 2**

Entregue um ábaco para cada grupo. Proponha que façam novamente a atividade 1, mas com uma variação: que eles tentem montar o número mais distante do número ditado. Oriente-os quanto à modificação que precisa ser feita na tabela.

Ábaco de pinos

Número ditado pelo professor	Número que formamos	Número que mais se distanciou do número falado

Promova com a classe uma discussão sobre: o que foi mais fácil, montar o número que mais se aproxima de um número dado ou o que mais se distancia?
Anote no quadro os argumentos que os alunos disserem. Mesmo que haja argumentos diferentes, anote a opinião de cada grupo, providenciando que eles sejam ouvidos pelos outros. Nessa discussão, o mais importante é como eles pensaram e não o que acharam mais fácil.

- **Etapa 3**

Entregue um ábaco para cada quarteto. Proponha que façam a atividade 2. Copie os itens no quadro um de cada vez.
Enquanto eles fazem esta etapa, anote algumas respostas dos alunos. Depois que terminarem, problematize colocando no quadro exemplos do que anotou enquanto circulava pela classe.
Exemplo: "Para formar o número mais próximo de 5 000 com nove argolas, vi as seguintes respostas:

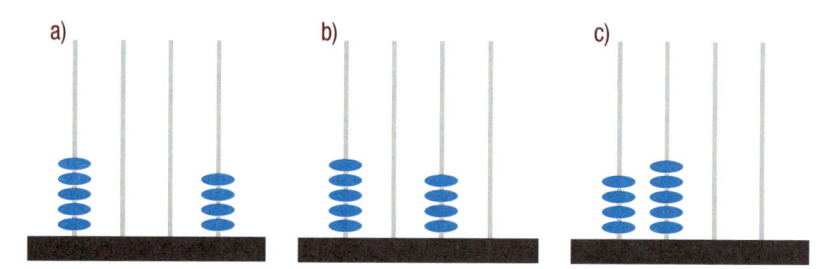

a) b) c)

Qual delas está mais perto do 5 000?".

Respostas
2. a) 2 000; 3 000; 5 004
   b) 2 000; 3 000; 3 051
   c) 2 000; 3 000; 4 410
   d) 2; 3; 9
   e) 2; 3; 9

ATIVIDADES

1. a) Coloque as argolas dos ábacos no meio da mesa, em um pote ou caixa.
   b) Cada um dos participantes do grupo pega, sem contar, algumas argolas da caixa, com os olhos fechados.
   c) Com todas as argolas que pegar, cada um deve montar no ábaco o número mais próximo daquele que o professor colocar no quadro.
   d) Faça no caderno uma tabela como esta:

Número ditado pelo professor	Número que formamos	Número que mais se distanciou do número falado

2. a) Como vocês representariam no ábaco o número mais próximo de 5 000 com:
   - 2 argolas?
   - 3 argolas?
   - 9 argolas?

   b) Como vocês representariam no ábaco o número mais próximo de 3 050 com:
   - 2 argolas?
   - 3 argolas?
   - 9 argolas?

   c) Como vocês representariam no ábaco o número mais próximo de 4 444 com:
   - 2 argolas?
   - 3 argolas?
   - 9 argolas?

   d) Como vocês representariam no ábaco o número mais distante de 5 000 com:
   - 2 argolas?
   - 3 argolas?
   - 9 argolas?

   e) Como vocês representariam no ábaco o número mais distante de 3 050 com:
   - 2 argolas?
   - 3 argolas?
   - 9 argolas?

Fichas sobrepostas

Este material tem como objetivo principal trabalhar a relação entre a escrita de um número no Sistema de Numeração Decimal e sua decomposição nas ordens do sistema.

Trata-se de um conjunto de fichas que permitem escrever os números de 0 a 99 999.

Por exemplo, para representar o número 2 471, utilizamos as fichas:

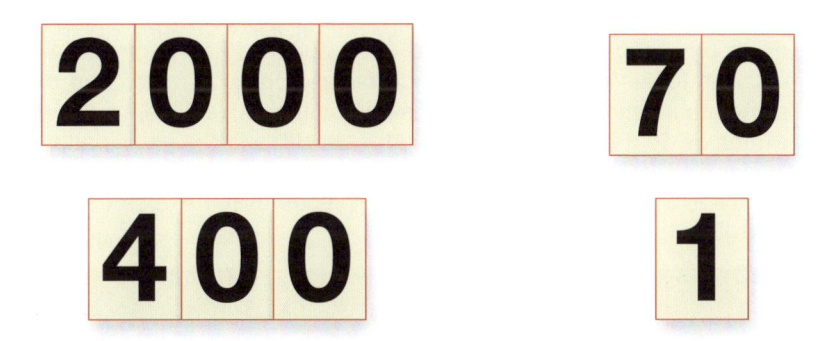

que devem ser sobrepostas para formar o número desejado:

As fichas permitem a percepção das diversas composições desse número:

$$2\,471 = 2\,000 + 400 + 70 + 1$$
$$2\,471 = 2\,400 + 71$$
$$2\,471 = 2\,070 + 401$$
$$2\,471 = 2\,001 + 470$$
$$2\,471 = 2\,000 + 470 + 1$$
$$\vdots$$

Em cada ano, trabalha-se com uma parte das fichas de acordo com a ordem numérica mais adequada aos alunos. Assim, nas atividades para o 2º ano são utilizadas apenas as fichas até centenas, enquanto os anos seguintes usam as fichas com unidades de milhar ou mais. Tudo isso encontra-se indicado nas atividades propostas.

Os principais objetivos das atividades propostas com este material são:
- Identificar a regularidade na composição dos números no Sistema de Numeração Decimal.
- Compor e decompor números nas ordens do Sistema de Numeração Decimal.
- Comparar e ordenar números.

O material

Existem fichas comercializadas, mas elas também podem ser feitas pelos alunos com facilidade. Basta disponibilizar para cada um deles uma cópia das fichas que se encontram nas páginas 84-89, colar as folhas em cartolina e recortar as fichas de modo que cada aluno tenha uma coleção de fichas com números de 0 a 9, as dezenas exatas de 10 a 90, as centenas exatas de 100 a 900 e as unidades de milhar exatas de 1 000 a 9 000. Se desejar ampliar o material, podem ser feitas também as fichas com dezenas de milhar exatas de 10 000 a 90 000.

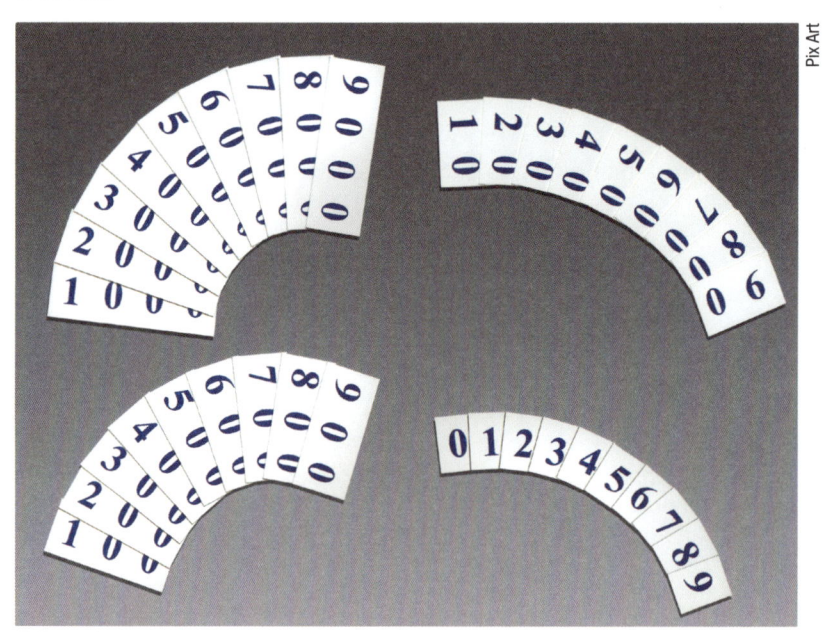

Fichas sobrepostas.

1° **2°** **3°** 4° 5° ANO ESCOLAR

1 As fichas que formam números

4 7 1

Conteúdo
- Propriedades do Sistema de Numeração Decimal

Objetivos
- Conhecer as fichas sobrepostas
- Perceber, em um número, o valor posicional dos algarismos

Recursos
- Um conjunto de fichas sobrepostas para cada dupla, caderno e lápis

fique atento!

Estas fichas formam um ótimo recurso para explorar as propriedades do Sistema de Numeração Decimal, auxiliando a interpretar e produzir escritas numéricas, bem como para estabelecer correlações entre as operações e o sistema de numeração. Para tanto, o aluno precisa ser motivado a investigar, levantar hipóteses sobre elas, ser estimulado a observar regularidades, a utilizar a linguagem oral, os registros informais e a linguagem matemática.
Observe que as fichas sobrepostas são formadas por fichas de 1 a 9, fichas de 10 a 90, variando de 10 em 10, fichas de 100 a 900, variando de 100 em 100, e assim por diante.

Descrição das etapas

- **Etapa 1**

Cada aluno deve pegar o material para desenvolver as atividades e sentar-se com o colega de dupla. Dê um tempo para que investiguem as fichas, de acordo com sua natural curiosidade. Depois, oriente-os para que, em duplas, observem as fichas e separem todas as que têm o número 2. Proponha que registrem no caderno os números encontrados. Questione: "Você separou as mesmas fichas que o seu colega de dupla?"; "Converse com seu colega sobre as diferenças e semelhanças entre essas fichas."
Peça que façam a mesma investigação com as fichas que têm o número 7 e depois registrem no caderno.
Ao final, questione: "Desses dois grupos de fichas que você separou, qual é o maior número? Qual é o menor número?".

Fichas sobrepostas | 49

Durante a realização de cada proposta, observe se os alunos compreendem o que foi solicitado. Dê o tempo necessário para que formulem e investiguem suas hipóteses.

- **Etapa 2**

Proponha aos alunos que realizem a atividade 1 (leia para eles e copie o esquema no quadro). Veja a seção "Atividades", mais à frente.

Após a realização da atividade, converse com os alunos sobre os critérios que foram utilizados para a separação das fichas e verifique se todos perceberam a sobreposição das fichas para a formação dos números. Promova o debate.

- **Etapa 3**

Peça às duplas que desenvolvam a atividade 2 (leia para eles).

Ao final, promova uma conversa com a classe para ouvir o que tem a dizer sobre a posição do número 8 nos três números formados. A ideia é que se perceba o que os alunos já sabem sobre o valor posicional e a linguagem que utilizam para expressar suas compreensões.

ATIVIDADES

1. A) Organize todas as fichas em quatro grupos. Qual a melhor forma de organizá-las? Resolva com seu colega.
   B) Veja o que se pode fazer com essas fichas: separe as fichas 40 e 2. Colocando uma sobre a outra você pode formar o número 42. Por isso, essas fichas são chamadas fichas sobrepostas. Investigue como isso pode ser feito.

EU FORMEI O 176 USANDO AS FICHAS

$\boxed{100}$, $\boxed{70}$ E $\boxed{6}$. VEJA: $\boxed{176}$ (sobrepostas)

   C) Que tal formar mais números? Por exemplo: 91, 19, 102 e 120. Depois, desenhe no caderno como você fez.

2. Forme os números 285, 823 e 408. Os três números que você formou têm o 8. Você teve que usar as mesmas fichas em todos eles? Converse com seu colega e escreva no caderno o que vocês concluíram.

Respostas

1. Para formar o 91, usa-se a ficha 1 sobreposta à 90; para formar o 19, usa-se a ficha 9 sobreposta à 10; para o 102, usam-se as fichas 100 e 2; e para o 120, as fichas 100 e 20.
2. Para formar o 285, o 8 corresponde a 80; em 823, o 8 é 800; e em 408, a ficha 8 corresponde a 8 unidades.

1° **2°** 3° 4° 5° ANO ESCOLAR

2 Registrando contagens

Conteúdo
- Propriedades do Sistema de Numeração Decimal

Objetivos
- Conhecer as fichas sobrepostas como recurso para formar números
- Estabelecer relações entre unidade, dezena e centena em um número
- Relacionar números com as correspondentes quantidades

Recursos
- Um conjunto de fichas sobrepostas para cada grupo, caderno e lápis
- Uma cópia das atividades para cada aluno

Descrição das etapas

- **Etapa 1**

Dê um tempo para que os alunos, em grupo, investiguem as fichas.
Leia para eles o item **a** da atividade 1 e explore os significados. Para tanto, peça aos alunos que formem, com as fichas, o número 142. Cada um forma o seu, mas os componentes dos grupos se ajudam. Perceba as hipóteses que eles apresentam e depois organize a situação proposta no quadro de valor posicional para debatê-la.

fique atento!

Quadro de valor posicional ou quadro de valor lugar é uma tabela organizada para a escrita de números separando-se os algarismos das centenas, das dezenas e das unidades. Ele pode ser feito no quadro ou você pode dispor de um modelo pronto para usar sempre que precisar. Veja o exemplo a seguir:

Centena	Dezena	Unidade
1	4	2

O importante é que o aluno perceba que cada algarismo possui um valor dependendo da posição que ocupa na escrita: o 1 vale 100, o 4 vale 40 e o 2 vale 2, por isso eles usam as fichas 100, 40 e 2 para formar o 142. Não fale em valor relativo e valor absoluto porque não são os nomes que importam.

Fichas sobrepostas | 51

- **Etapa 2**

Depois, deixe que realizem os itens **b** e **c** da atividade 1 (leia para eles).

Ao investigar o número 341, é comum o aluno responder que o número tem 4 dezenas. Ou seja, ele relaciona o valor posicional do 4 com a quantidade de dezenas do número.

É importante que os alunos percebam que em 300 há 30 dezenas e, portanto, 341 possui 34 dezenas e não apenas 4. Se for necessário, consiga 300 objetos ou grãos para que eles percebam as 30 dezenas neste número.

O importante é que o aluno reconheça os significados que os termos unidade, dezena e centena possuem e os relacione à escrita posicional dos números.

- **Etapa 3**

Antes de realizar a atividade 2, pergunte à turma se conhecem os emoticons utilizados na internet e que já fazem parte de adesivos, ornamentos de folhas de cadernos etc.

Peça que realizem a atividade 2 (leia para eles) e registrem os resultados no caderno.

Após a atividade, promova um debate sobre a forma com que os grupos organizaram a contagem, que critérios utilizaram. A ideia é fazer com que eles percebam que a contagem de 10 em 10 se ajusta ao sistema de numeração que adotamos, pois ele é decimal.

Para sistematizar, produza, no quadro, um texto coletivo com as informações obtidas, mas tente não fazer um texto de perguntas e respostas e utilize a linguagem dos alunos. Os alunos podem copiar o texto no caderno.

Respostas

1. b) Três algarismos, o 3, o 4 e o 1. 34 dezenas, 3 centenas e 341 unidades.
   c) O 215 é maior, pois tem 2 centenas e o 125 só tem 1 centena, ou, ainda, o 215 tem 21 dezenas, enquanto o 125 tem apenas 12 dezenas.

2. São 125 adesivos; logo, Mari está certa, pois esse número é maior que 1 centena (100). Ao ganhar 10 adesivos, Tatá terá 135 adesivos.

ATIVIDADES

1. a) Veja como formar, com as fichas, o número 142.
   "No número 142, o algarismo 1 vale uma centena, que é o mesmo que dez dezenas ou cem unidades.
   O algarismo 4 vale 4 dezenas ou 40 unidades e o algarismo 2 vale duas unidades."
   b) Agora, forme com as fichas o número 341 e responda:
   - Quantos algarismos formam esse número? Quais são eles?
   - Quantas dezenas têm esse número? E centenas? E unidades?
   c) Represente com as fichas sobrepostas os números 215 e 125. Qual número é maior? Explique.

2. a) Veja a coleção de adesivos com emoticons da Tatá.
   - Conte quantos adesivos ela tem. Mas, antes, pense: qual a melhor forma de fazer essa contagem?
   b) Forme com as fichas o número que corresponde à quantidade de adesivos da Tatá.
   - Mari disse que a tatá tem mais de 1 centena de adesivos, você concorda? Explique.
   - Desenhe no caderno 10 adesivos que você gostaria de dar para a Tatá.
   - Ao receber os seus adesivos, com quantos adesivos ela vai ficar?

ADESIVOS DA TATÁ

1° **2°** **3°** 4° 5° ANO ESCOLAR

3 Brincando com números e palavras

Conteúdo
- Propriedades do Sistema de Numeração Decimal

Objetivo
- Ler e escrever números por extenso, percebendo a diferença entre a fala e a escrita do número, a partir das propriedades do Sistema de Numeração Decimal

Recursos
- Um conjunto de fichas sobrepostas para cada dupla, caderno e lápis

Descrição das etapas

- **Etapa 1**

Antes de propor as atividades, distribua os conjuntos de fichas sobrepostas para as duplas previamente organizadas e converse com a classe sobre a leitura e a escrita dos números. Faça alguns questionamentos para organizar essa conversa, por exemplo: "Que número vocês conseguem formar com as fichas 100, 30 e 1?".

Dê um tempo para que os alunos formem o número e continue: "Vocês sabem como lemos esse número?" (Escreva-o no quadro.) "Como escrever por extenso?" Explique que escrever por extenso é escrever em palavras e faça o registro por extenso coletivamente, com a classe. Repita mais dois ou três exemplos usando outras fichas.

Proponha a atividade 1 e depois a atividade 2. Deixe que as duplas realizem as atividades com autonomia, porém, auxilie em relação às dúvidas. Depois, desenvolva a correção da atividade 1 solicitando que uma dupla leia e outra mostre como formou o número com as fichas. Na atividade 2, promova a autocorreção da ortografia das palavras: você escreve no quadro e os alunos analisam seus registros para perceberem erros e corrigi-los.

- **Etapa 2**

As propostas sobre a escrita de Didi (atividade 3) colocam os alunos "em conflito" com suas próprias tendências de erro. Peça a uma dupla que diga qual foi sua conclusão sobre o primeiro item (com as fichas 50 e 6) e instigue-os a explicar aos colegas da classe como pensaram. Depois, pergunte se alguma dupla pensou diferente ou quer acrescentar alguma conclusão. Deixe-os falar e observe, anote e analise como os alunos estão compreendendo os números formados com as fichas. Repita o mesmo processo para o segundo item (sobre o número 49).

> **fique atento!**
>
> Para produzir escritas numéricas, alguns alunos organizam seus registros de acordo com a fala. Ao escrever 64, por exemplo, registra 604, como o Didi da atividade, adotando como hipótese para a escrita o modo como falamos. Essa atividade favorece a criança a pensar sobre suas próprias hipóteses e cria espaço para se apropriar da ideia de número de modo significativo.

- **Etapa 3**

Faça um ditado de números ou peça que uma dupla de alunos dite números para a outra. Cada número ditado deve ser formado pelos alunos com as fichas.
Analise os registros para planejar suas próximas intervenções.

Respostas

1. Os números são: 54; 79; 327; 444; 706; 817; 901.

2. Os números são, respectivamente: 18: dezoito; 66: sessenta e seis; 241: duzentos e quarenta e um; 609: seiscentos e nove; 750: setecentos e cinquenta.

3. Formar 506 com as fichas 50 e 6 está incorreto. Didi colocou uma ficha encostada na outra em lugar de sobrepor. O mesmo ocorre ao formar o 49 com as fichas 4 e 9. Essas duas representam unidades e, assim, não podem ser sobrepostas. Teria que usar as fichas 40 e 9.

ATIVIDADES

1. Um aluno da dupla escreve o número por extenso e o outro forma o número com as fichas.
   - Cinquenta e quatro
   - Setenta e nove
   - Trezentos e vinte e sete
   - Quatrocentos e quarenta e quatro
   - Setecentos e seis
   - Oitocentos e dezessete
   - Novecentos e um

2. Um aluno da dupla diz as fichas e o outro forma o número e escreve por extenso.

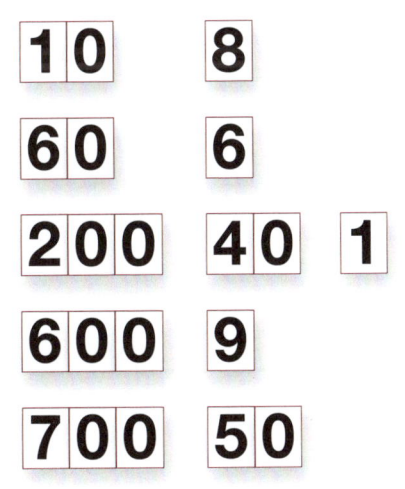

10	8
60	6
200	40	1
600	9
700	50

3. Para pensar!
   - Com as fichas 50 e 6 , Didi formou o número quinhentos e seis. Ele está correto? Se não, qual o erro?
   - Eu pedi para o Didi formar o número quarenta e nove e ele usou as fichas 4 e 9 . Ele está correto? Se não, qual o erro?

Fichas sobrepostas

1° 2° 3° 4° 5° ANO ESCOLAR

4 Eu comando, você faz

Conteúdo
- Propriedades do Sistema de Numeração Decimal

Objetivos
- Desenvolver a compreensão do Sistema de Numeração Decimal
- Explorar as relações de valor entre unidade, dezena e centena
- Comparar números percebendo as regularidades do Sistema de Numeração Decimal

Recursos
- Um conjunto de fichas sobrepostas para cada grupo, caderno e lápis

Descrição das etapas

- **Etapa 1**

Antes de iniciar as atividades, problematize com a classe as relações entre unidade, dezena e centena: peça aos alunos que agrupem as fichas de acordo com a ordem. Estimule-os com perguntas, como:
"Quantas unidades há em 1 dezena?"
"Qual a ficha que representa 1 unidade?"
"Qual a ficha que representa 1 dezena? Por quê?"
"Qual a ficha que representa 1 centena? Por quê?"
A ideia é que os alunos percebam que a ficha 10 é um agrupamento de 10 unidades, o que equivale a 1 dezena. Assim como a ficha 100 é um agrupamento de 100 unidades, o que equivale a 10 dezenas.
Problematize formando números. Peça aos alunos, por exemplo, que formem com as fichas o número 128 e pergunte: "Quantas dezenas há em 128?". Explique a eles que, embora o 2 apareça na posição das dezenas, o número 128 tem 12 dezenas porque usa a ficha 100, que são 10 dezenas agrupadas na centena, e a ficha 20, que representa 2 dezenas. Finalmente, explore quantas unidades há no número 128 (cento e vinte e oito unidades).

fique atento!
As fichas sobrepostas auxiliam o aluno a perceber a relação entre a escrita numérica e o valor posicional. Mas é importante que eles sejam auxiliados, pois essa correlação não é simples para os aprendizes. Uma das contribuições é problematizar a

Fichas sobrepostas | 59

forma da pergunta dirigida ao aluno fazendo-o perceber as diferenças. Por exemplo, ao perguntar: "Quantas dezenas há em 234?", queremos que ele perceba que são 23 dezenas e não apenas 3. Já ao questionar: "Qual é o número que aparece na posição das dezenas?", deseja-se 3 como resposta. Assim, embora o algarismo 2 ocupe a posição das centenas, existem 20 dezenas ou 200 unidades no número.

- **Etapa 2**

Organize os alunos em duplas ou trios, preferencialmente colocando aqueles que apresentam mais dificuldade de compreensão do Sistema de Numeração Decimal com os que já têm mais domínio. Proponha aos alunos as atividades a seguir e motive-os a debater, nos grupos, as suas compreensões. A ideia é que um aluno ajude o outro, discutindo suas compreensões, verbalizando seus argumentos. Assim, sua interferência deve se restringir àqueles grupos nos quais verifica incompreensões e falta de consenso entre as respostas de seus componentes.

Nesse processo, é fundamental que, ao circular na sala de aula, você perceba o que os alunos já sabem, para conduzir depois a correção das propostas, explorando os aspectos que ainda precisam ser sistematizados.

Para encerrar, organize com a classe um registro coletivo da atividade a partir do que cada grupo escreveu na última proposta: "O que você gostaria de contar sobre o que você aprendeu formando os números?".

Respostas

1. 43: 40 e 3
   34: 30 e 4
   42: 40 e 2
   192: 100, 90 e 2
   O número com 74 dezenas depende do que foi escolhido como unidade, de 740 a 749.
   637: 600, 30 e 7
   O número com 5 centenas usa a ficha 500 e quaisquer outras para dezenas e unidades.
   805: 800 e 5

2. Verifique se os alunos se referem ao valor posicional, se utilizam as nomenclaturas unidade, dezena, centena.

3. • 82 é maior que 28; então, 82 tem mais unidades que 28.
   • 247 tem 24 dezenas; então, 247 tem mais dezenas que 174.

ATIVIDADES

Você vai formar vários números seguindo os meus comandos, mas tem uma regra: Escreva no caderno quais fichas usou em cada um dos números que você formar.

1. Use suas fichas para formar um número que:
   - Representa o número 43
   - Representa o número 34
   - Tenha 42 unidades
   - Tenha 192 unidades
   - Tenha 74 dezenas
   - Tenha o 6 nas centenas, o 3 nas dezenas e o 7 nas unidades
   - Tenha 5 centenas
   - Tenha o 8 nas centenas, o 0 nas dezenas e o 5 nas unidades

2. Agora, você vai descobrir que comandos dei para um aluno que formou os seguintes números:
   - 95
   - 308

3. Quem tem mais?
   - Quem tem mais unidades, o número 28 ou o número 82?
   - Quem tem mais dezenas, o número 247 ou o número 174?
   - Converse com seus colegas para explicar suas respostas.

4. Você gostou desta atividade? O que você gostaria de contar sobre o que você aprendeu formando os números? Pense!

5 Escrevendo números

Conteúdos
- Propriedades do Sistema de Numeração Decimal
- Números até 99 999

Objetivos
- Ler e escrever números por extenso, reconhecendo as regularidades do Sistema de Numeração Decimal
- Compor números, percebendo o valor posicional dos algarismos

Recursos
- Um conjunto de fichas sobrepostas para cada dupla, caderno e lápis

Descrição das etapas

- **Etapa 1**

Antes de realizar esta sequência de atividades, entregue as fichas sobrepostas para os alunos e converse com a classe sobre a leitura e escrita dos números. Exemplos de questionamentos para organizar a conversa: dite um número e peça a eles que o escrevam por extenso no caderno. Depois, peça a um aluno que copie o que ele escreveu no quadro. Pergunte à classe se todos concordam com a escrita do colega. Se houver erro, qual é ele? Qual correção deve ser feita? Depois, peça a todos que formem o número com suas fichas. Escreva no quadro os diferentes números formados e peça que os analisem com base no número escrito por extenso, para que apontem o correto, justificando. Pergunte também qual é o erro nos demais números. Depois, questione: "Qual número vocês conseguem formar com as fichas 2 000, 500 e 3?". Dê um tempo para que os alunos formem o número, depois, continue: "Vocês sabem como lemos esse número?"; "Como escrever por extenso?". Faça o registro por extenso coletivamente. Debata com os alunos sobre o significado do zero no número. Deixe que eles exponham suas hipóteses e problematize, ou seja, faça questionamentos a partir da fala deles para gerar reflexão sobre suas afirmações, até que as modifiquem, quando houver erros ou incompreensões, ou as validem, justificando.

- **Etapa 2**

Proponha aos alunos as atividades e peça que as desenvolvam, auxiliando-os em relação às dúvidas. Copie no quadro os números escritos por extenso (atividade 1) e as fichas (atividade 2). No momento da correção, chame alguns alunos para apresentar suas respostas no quadro. Sempre pergunte à classe se concorda com cada uma das respostas e discuta os erros.

> **fique atento!**
>
> Nesta fase o aluno relaciona a leitura e a escrita numérica com aquela que ele já apropriou, em particular, os números menores do que 1 000. No entanto, interpretar escritas numéricas é sempre um desafio para quem está se aproximando do mundo dos números; assim, não basta "treiná-los" para a leitura e a escrita do número; é preciso garantir que haja análise, interpretação e troca de ideias entre alunos, para que, em cooperação, eles possam expor e investigar hipóteses para ampliar, reforçar ou refutar compreensões, procedimentos e linguagem.

- **Etapa 3**

Concluídas as atividades, faça um ditado de números. Você diz um número e os alunos o formam com as fichas. Analise os registros para planejar suas próximas intervenções.

ATIVIDADES

1. Use as fichas para formar os seguintes números escritos por extenso:

    - Setecentos e setenta e nove
    - Mil, trezentos e vinte e sete
    - Cinco mil, setecentos e cinco
    - Nove mil e sete
    - Vinte mil, seiscentos e um
    - Doze mil e vinte e um

2. Em cada um dos itens, escreva por extenso o número formado pelas fichas:

    | 1000 | 700 | 80 | 3 |
    | 6000 | 600 | 6 | |
    | 7000 | 200 | 20 | 1 |
    | 5000 | 1 | | |

3. Agora, coloque todos os números da atividade 2 em ordem decrescente, ou seja, do maior para o menor número.

Respostas

1. 779;
1 327;
5 705;
9 007;
20 601;
12 021

2. 1 783 (mil, setecentos e oitenta e três);
6 606 (seis mil, seiscentos e seis);
7 221 (sete mil, duzentos e vinte e um);
5 001 (cinco mil e um);

3. 7 221;
6 606;
5 001;
1 783

1° 2° 3° **4°** **5°** ANO ESCOLAR

6 Para pensar!

Conteúdo
- Propriedades do Sistema de Numeração Decimal

Objetivos
- Estabelecer equivalência entre unidade de milhar, dezena de milhar e centena de milhar em um número
- Produzir números de acordo com as regras do Sistema de Numeração Decimal

Recursos
- Um conjunto de fichas sobrepostas para cada grupo, caderno e lápis

Descrição das etapas

- **Etapa 1**

Cada aluno deve pegar as fichas para desenvolver esta sequência de atividades e sentar-se com seu grupo, previamente organizado. Peça a todos que, primeiro, leiam silenciosamente as atividades 1 e 2. Solicite aos alunos que anotem no caderno os termos ou expressões que não compreendem ou desconhecem. Depois, peça que cada um diga o que escreveu e, com a colaboração dos próprios alunos, explique o que for necessário. Pode ser conveniente, por exemplo, que você escreva no quadro – e relembre com eles – o quadro de valor posicional. Aproveite para relembrar e explorar os significados do valor de cada uma das posições dos algarismos na escrita de um número.

fique atento!

Quadro de valor posicional ou quadro de valor lugar é uma tabela que tem um lugar certo para colocar o algarismo das unidades, o algarismo das dezenas etc. Ele pode ser feito no quadro ou você pode dispor de um modelo pronto para ser usado sempre que preciso, como no exemplo a seguir:

Centena de milhar	Dezena de milhar	Unidade de milhar	Centena	Dezena	Unidade
1	2	3	4	5	6

No quadro acima, o 1 vale 100 000 unidades; o 2 vale 20 000 unidades; o 3 vale 3 000 unidades, e assim por diante. Não fale em valor relativo e valor absoluto, porque não são os nomes que importam.

Fichas sobrepostas | 65

Inicie as atividades, incentivando-os para o trabalho colaborativo (todos ajudam os demais) e investigativo, ou seja, eles debatem suas hipóteses (o que acham que é, ou como se faz) e experimentam, testam, resolvem as divergências de entendimentos etc. Durante a realização da proposta, observe se os alunos compreendem o que foi solicitado ou não. Após o tempo necessário, faça a correção item por item. Observe, no item **d** da atividade 1, que é comum o aluno responder que o número tem 3 unidades de milhar. As fichas sobrepostas podem dar conta dessa diferenciação. Explore cada uma das fichas que compõem o número 123 456: Quantas unidades? Quantas dezenas? ... Quantas dezenas de milhar? Quantas centenas de milhar? Na frente da classe, faça as sobreposições das fichas para que os alunos reconheçam os significados dos termos unidade, dezena..., centena de milhar e os relacionem à escrita posicional dos números.

Respostas

1. a) As fichas 100 000; 20 000; 3 000; 400; 50; 6.
   b) 3 mil unidades.
   c) 100 mil unidades.
   d) 123 unidades de milhar.
   e) 20 unidades de milhar.

2. a) As fichas 200 000; 30 000; 3 000; 200; 20; 3.
   b) O 2 do 200 000, duzentas mil unidades; o 2 do 200, duzentas unidades; o 2 do 20, vinte unidades.
   c) O 3 do 30 000 vale 30 unidades de milhar; o 3 do 3 000 vale 3 unidades de milhar; o 3 do 3 não vale; tem zero unidade de milhar.

3. 333 333 (trezentos e trinta e três mil, trezentos e trinta e três)

4. 907 060 (novecentos e sete mil e sessenta)

5. 870 600

6. 400 404

7. 99 999; tem 1 unidade a menos que uma centena de milhar.

ATIVIDADES

1. Com as fichas, forme o número 123 456.
   a) Que fichas você usou?
   b) Quantas unidades vale o 3 desse número?
   c) E o 1, quantas unidades vale?
   d) Quantas unidades de milhar tem esse número?
   e) Quantas unidades de milhar vale o 2?

2. Com as fichas, forme o número 233 223.
   a) Que fichas você usou?
   b) Quantas unidades vale cada 2 desse número?
   c) Quantas unidades de milhar vale cada 3 desse número?

3. Com as fichas 3 , 30 , 300 , 3000 , 30000 e 300000 , que número você consegue formar? Escreva esse número por extenso.

4. Com as fichas 60 , 7000 e 900000 , qual número você consegue formar? Escreva esse número por extenso.

5. Separe as seguintes fichas: 7 dezenas de milhar, 8 centenas de milhar e 6 centenas. Que número você consegue formar com essas fichas?

6. Separe as seguintes fichas: 4 centenas de milhar, 4 centenas e 4 unidades. Que número você consegue formar com essas fichas?

7. Com quais fichas você consegue formar o número mais próximo de 100 000 e que tenha todos os algarismos iguais? Quanto esse número é maior ou menor do que uma centena de milhar?

7 Jogo com as fichas

1° 2° 3° **4°** 5° ANO ESCOLAR

Conteúdo
- Propriedades do Sistema de Numeração Decimal

Objetivo
- Compreender o Sistema de Numeração Decimal, compondo e comparando números, percebendo as regularidades do sistema

Recursos
- 4 conjuntos de fichas sobrepostas para cada grupo, caderno e lápis

Descrição das etapas

- **Etapa 1**

Como se trata de um jogo cujos comandos serão dados por você, é importante simular uma jogada com um grupo enquanto o restante da classe observa, para que todos possam verificar se as regras estão compreendidas e, depois, jogarem com autonomia.
Organize os grupos e leia para a classe a lista de regras do jogo (mais à frente).
Depois, leia as regras para jogar e a cada vez diga um dos seguintes comandos:

- Forme o maior número.
- Forme o menor número possível.
- Forme o número mais próximo de 500.
- Forme o número mais próximo de 5 000.
- Forme o número mais próximo de 50 000.
- Forme um número o mais distante possível de 90 000.
- Forme o maior número de 3 algarismos com um algarismo zero.
- Forme o menor número de 5 algarismos que tenha dois algarismos zero.
- Forme o maior número de 4 algarismos.
- Forme o menor número de 5 algarismos.

Quando os alunos terminarem o jogo, converse com a classe e peça que eles contem se tiveram dificuldade com os comandos. Explore situações que eles relatem e provoque outras explorações, por exemplo: quando o comando pediu "forme um número o mais distante possível de 90 000", eles perceberam que bastava colocar sua ficha das unidades? Quando o comando solicitou "o menor número de 5 algarismos que tenha dois algarismos zero", como eles pensaram? Onde foram colocados esses zeros, na unidade e dezena ou na unidade de milhar e centena (gerando, realmente, o menor número)?

Fichas sobrepostas | 69

- **Etapa 2**

Proponha que joguem o jogo com as fichas pela segunda vez. Ao final, peça aos alunos que façam uma lista de dicas para ganhar. Depois, faça uma síntese coletiva, escrevendo no quadro todas as dicas que eles propuseram.

- **Etapa 3**

Nesse momento, os grupos voltam a jogar e depois devem ser orientados para que cada um invente outros comandos para o jogo. Os componentes de cada grupo terão que inventar dois comandos que tenham como resultado os números que você indicar. Depois, proponha aos grupos que troquem entre si os comandos para que possam verificar se estão de acordo com os números dados ao grupo por você. Com os comandos produzidos, eles poderão jogar em outra oportunidade.

No final da atividade, peça aos grupos que produzam uma carta endereçada a você contando como foi a experiência de produzir novos comandos para o jogo e o que eles aprenderam com o jogo com as fichas.

Regras

- **Para organizar o jogo:**

1. Cada grupo é organizado com 4 ou 5 alunos e recebe 4 conjuntos de fichas sobrepostas.
2. As fichas são organizadas em 5 montes; um monte para cada uma das ordens: de 1 a 9; de 10 a 90; de 100 a 900; de 1 000 a 9 000; e de 10 000 a 90 000.
3. Cada um dos montes deve ser embaralhado e colocado lado a lado com os demais montes, com as faces numeradas voltadas para baixo.
4. Os alunos de um mesmo grupo devem se organizar em torno dos montes de fichas e devem decidir a ordem dos jogadores.

- **Para jogar:**

1. A cada jogada o professor dirá um comando e ordenará o início da retirada das fichas.
2. Na ordem já determinada, cada um do grupo retira suas fichas para formar o número pedido no comando.
3. Cada um pode tirar apenas uma ficha de cada monte, mas pode escolher de quantos montes quer retirar fichas.
4. Os jogadores comparam os números formados e verificam quem ganhou a rodada. O ganhador da jogada marca um ponto.
5. Antes de iniciar a próxima rodada, as fichas usadas são embaralhadas nos respectivos montes.
6. O jogo acaba depois do último comando.
7. Ganha o jogo quem tiver o maior número de pontos.

Apêndice: Calculadora

A calculadora, assim como o computador, é um recurso de ensino – especialmente nas aulas de matemática – que tem sido motivo de discussão e investigação por muitos educadores nos últimos 30 anos.

Apesar de não se tratar de um material manipulativo como os demais recursos apresentados nos blocos anteriores, uma vez que foi criada com o objetivo de simplificar o trabalho humano de calcular, sabemos que com a proposição de atividades adequadas, digitando e observando o visor da máquina os alunos podem formular hipóteses e perceber regularidades do Sistema de Numeração Decimal e das Operações.

Assim como os demais materiais, como recurso para a aprendizagem a calculadora não é um fim em si mesma. Ela apoia a atividade que tem como objetivo levar à construção de uma ideia ou procedimento pela reflexão.

Pretendemos mostrar toda uma concepção sobre o uso da calculadora como recurso didático a partir de atividades propostas para a calculadora simples e que se destinam a alunos de 3º, 4º e 5º anos do Ensino Fundamental.

Para isso, escolhemos uma forma que consideramos prática para explicitar nossa proposta. A forma e as explorações sugeridas para cada uma das atividades devem revelar como concebemos uma proposta diferenciada para o uso da calculadora nas aulas de matemática.

De forma breve, é importante destacar as principais características de nossa concepção de ensino relativa a esse recurso para o ensino de matemática.

A primeira delas é sem dúvida o interesse envolvido na quebra da rotina da sala de aula e no apelo lúdico da máquina. No entanto, é importante que essa motivação seja gerada pela aprendizagem resultante de cada atividade. O aluno que se percebe aprendendo se envolve, quer ir além.

Isso tem uma implicação muito grande na forma como propomos as atividades, especialmente nas etapas posteriores à aula com a calculadora, quando o aluno é incentivado a refletir sobre o que aprendeu e a valorizar essa aprendizagem. A escrita e a oralidade são recursos para favorecer essa reflexão, dando ao aluno a oportunidade de organizar seu pensamento e construir novas argumentações para se comunicar com seus colegas ou com o professor.

Como Smole e Diniz (2001, p. 95), acreditamos que:

> [...] não importa se a situação a ser resolvida é aplicada, se vai ao encontro das necessidades ou dos interesses do aluno, se é lúdica ou aberta; o que podemos afirmar é que a motivação do aluno está em sua percepção de estar apropriando-se ativamente do conhecimento, ou seja, a alegria de conquistar o saber, de participar da elaboração de ideias e procedimentos gera incentivo para aprender e continuar a aprender.

Calculadora

Ainda em relação ao fator do interesse do aluno, o recurso da calculadora se caracteriza por ser dinâmico, permitindo a realização de atividades que seriam demoradas ou muito trabalhosas se feitas com lápis e papel. Um maior número de atividades no tempo de uma aula e a possibilidade de tentar, refazer e constatar com rapidez permitem que o aluno tenha uma visão mais geral de sua aprendizagem dentro de uma unidade de trabalho. De fato, sabemos que muitas vezes essa percepção não é alcançada quando as atividades que encaminham uma conclusão se distribuem em várias aulas em diferentes dias ou semanas.

Outro argumento a favor da utilização da calculadora em aula é o respeito aos diferentes ritmos de aprendizagem e a valorização do conhecimento individual. Frente à máquina com uma proposta de trabalho bem elaborada pelo professor, o aluno pode trabalhar sozinho ou com um ou dois colegas em seu próprio ritmo; seu conhecimento e habilidade permitem que ele possa se desenvolver e auxiliar seus colegas ou aprender com eles, independentemente da presença do professor.

Para isso, é importante haver o material produzido para as atividades, calculadoras em quantidade suficiente e que as explicações gerais sejam feitas pelo professor antes da distribuição das máquinas. Frente à calculadora deve estar claro o que exatamente se espera que seja feito para que haja condições para o trabalho autônomo. Evita-se assim a dispersão da classe, o desgaste do professor para obter a atenção da classe, e aproveita-se melhor o tempo disponível para o uso da calculadora.

Além da aprendizagem de conceitos específicos, a calculadora propicia a formulação de hipóteses, a observação de regularidades e a resolução de problemas mais complexos. Nesse sentido, colabora muito com o processo de ensino e aprendizagem, pois permite com facilidade a tentativa e a autocorreção, a checagem de hipóteses e a construção de modelos ou representações, como poderemos ver nas atividades a seguir.

Finalmente, mas não menos importante, com a calculadora, ao mesmo tempo que o aluno aprende matemática e valiosas formas de pensar, ele passa a conhecer esse recurso, as possibilidades e limitações da calculadora e se insere no mundo da tecnologia. Não se trata de tornar os alunos especialistas em calculadora, mas de se apropriar de uma ferramenta para aprender.

Sem essa última visão sobre o potencial desse recurso, corremos o risco de tornar as aulas com a máquina muito semelhantes às aulas com quadro e giz, limitando a ação do aluno a ler e responder perguntas, preencher lacunas em textos, exercitar sua memória ou fixar técnicas e procedimentos de cálculo ou de qualquer outro tema da matemática.

Por esse motivo, as atividades que propomos têm como objetivo trabalhar simultaneamente conteúdos matemáticos e ensinar os comandos da calculadora, à medida que forem necessários.

1° 2° **3°** 4° 5° ANO ESCOLAR

1 Brincando com a calculadora

Conteúdo
- Sistema de Numeração Decimal

Objetivos
- Explorar a calculadora como recurso para investigar números e ampliar as habilidades de cálculo e estimativa
- Desenvolver a compreensão do Sistema de Numeração Decimal

Recursos
- Calculadoras (uma para cada dupla de alunos)

Descrição das etapas

- **Etapa 1**

Esta é uma sequência de atividades para ser desenvolvida com o professor, passo a passo. Certamente serão necessárias duas aulas para as devidas explorações. Forme uma roda com as duplas de alunos para facilitar os momentos coletivos de orientação e debate. Cada uma das duplas deve pegar uma calculadora.

O desenvolvimento da proposta seguirá esta rotina: o primeiro item de cada atividade é lido coletivamente e, em seguida, as duplas são orientadas a fazer a investigação necessária. Depois, inicia-se o debate coletivo para que todos expressem suas ideias e o modo de resolver a proposta. Esgotada a conversa, passa-se ao próximo item, seguindo os mesmos procedimentos anteriores.

> *fique atento!*
>
> Muitos dos alunos podem, ainda, ter dificuldade com o uso da calculadora, o que implica você estar atento durante as atividades para auxiliá-los.

A seguir, apresentamos algumas orientações e contribuições para que você direcione os debates coletivos de acordo com os objetivos propostos.

Atividade 1
No item **a**, peça a uma das duplas que diga como respondeu e como pensou a resposta. Pergunte à classe quem colocou outra resposta ou pensou diferente, provocando o debate. Certifique-se de que no visor das calculadoras haja o registro do 60, ou 61, ou... 69. Peça aos alunos que não apaguem para que resolvam o próximo item. No item **b**, a expectativa é de que os alunos usem a soma ou a subtração para fazer o 5 aparecer na unidade. Por exemplo, se o número anterior é 63, basta somar 2; se for 68, basta subtrair 3. Escolha algumas duplas para registrar no quadro os procedimentos desenvolvidos.

Atividade 2
Pretende-se que os alunos concluam que basta fazer uma sequência de somas do 1 (50 + 1; 51 + 1; 52 + 1...), percebendo a propriedade aditiva do Sistema de Numeração Decimal. Escolha algumas duplas para contar como fizeram e utilize as falas dos alunos para explorar o valor posicional da dezena e da unidade.

Atividade 3
Os dois itens podem ser lidos juntos, em sequência, para que os alunos investiguem simultaneamente as duas situações. A ideia é que percebam o valor posicional dos algarismos e como o número se forma.

Atividade 4
O item **a** faz pensar sobre a propriedade do Sistema de Numeração Decimal: as trocas são realizadas a cada agrupamento de 10 unidades. Também faz pensar sobre a correspondência: 4 dezenas correspondem a 40 unidades. Alerte para não apagarem o número obtido (40). No item **b**, reforce a atenção do aluno sobre a relação entre dezena e unidade e o valor posicional. A expectativa é de que se some um número com 1 dezena. O item **c** reforça a posição das unidades.

Atividade 5
Esta atividade é mais desafiadora. Certamente as duplas formarão o 87 e o 78 e perceberão que o 87 é maior, mas levarão um tempo para transformar esse número em 78, mexendo com a dezena (-10) e com a unidade (+1). Não apresse o trabalho. Muitas ideias podem ser debatidas a partir da forma com que algumas duplas pensaram.

- **Etapa 2**

Após explorar todas as atividades, sistematize coletivamente perguntando aos alunos: "– O que aprendemos sobre os números hoje?". Faça conexões entre falas diferentes que têm o mesmo significado envolvido, explore as relações de valor entre unidade e dezena, reforce as ideias que se apresentaram com maior dificuldade durante as investigações e debates etc.

ATIVIDADES

1. a) Pesquise na calculadora como escrever um número de dois algarismos que tenha 6 dezenas.

b) Sem apagar o número anterior, o que você precisa fazer para que apareça um 5 na posição das unidades, sem alterar o algarismo das dezenas? Que número você obteve?

2. Digite o 50. Sem apagá-lo, o que você deve fazer para formar, um a um, todos os números de dois algarismos que tenham o 5 na dezena?

3. a) Digite o 43. O que acontece se você acionar as teclas $\boxed{-}$, $\boxed{1}$ e $\boxed{=}$?

b) Volte a escrever o número 43. O que você precisa fazer para aparecer o número 33 sem apagar o número 43?

4. a) Faça a conta: 10 + 10 + 10 + 10. Que número apareceu no visor? Quantas dezenas tem esse número? E quantas unidades?

b) Sem apagar o número anterior, o que você deve fazer para que ele tenha 5 dezenas? Que número obteve?

c) Sem apagar o número anterior, o que você deve fazer para que ele tenha 54 unidades?

5. Com as teclas $\boxed{7}$ e $\boxed{8}$, quantos números de dois algarismos você consegue escrever? Faça com que o maior deles apareça no visor. O que você precisa fazer para aparecer no visor o menor deles, sem apagar o anterior?

1° 2° **3°** **4°** 5° ANO ESCOLAR

2 Pensando nas sequências

Conteúdos
- Propriedades do Sistema de Numeração Decimal
- Sequências numéricas

Objetivos
- Sequenciar números de 10 em 10 e de 100 em 100, reconhecendo o valor posicional da dezena e da centena
- Reconhecer algumas propriedades do Sistema de Numeração Decimal
- Identificar as regularidades na série numérica

Recursos
- Calculadoras (uma para cada aluno), caderno e lápis

Descrição das etapas

- **Etapa 1**

Organize os alunos em grupos. Nas atividades aqui propostas, cada um trabalhará, inicialmente, de forma individual, podendo contar com a contribuição dos demais componentes do seu grupo. Peça a cada aluno que pegue uma calculadora.

Copie no quadro para os alunos o item **a** da atividade 1. Verifique se todos compreenderam e deixe-os resolver. Circule pela classe enquanto eles desenvolvem a atividade e escolha algumas das representações (principalmente aquelas que são diferentes umas das outras; alguns alunos usam desenhos, outros usam números, outros agrupam símbolos de 10 em 10 etc.) para comentar semelhanças e diferenças no momento da correção, que deve ser feita no final da primeira atividade.

Copie no quadro o item **b** para os alunos. Peça a cada um que faça a sua atividade e depois compartilhe com os grupos. Tal como no item **a**, escolha algumas das representações para comentar semelhanças e diferenças no momento da correção.

Proponha a atividade 2 e oriente as discussões como na atividade 1. Ao final, compare as duas sequências e enfatize o fato de a primeira ser composta com dezenas e a segunda com centenas exatas. Além disso, mostre que 100 é igual a 10 dezenas e 1 000 é igual a 10 centenas.

- **Etapa 2**

Distribua as calculadoras, escreva no quadro o item **a** da atividade 3 e peça aos alunos que façam a leitura desse item. Após a leitura, promova uma conversa para verificar a

Apêndice: Calculadora

compreensão. Certifique-se de que eles compreendem os termos utilizados no texto, tais como "sucessivamente", "sequência" e "visor", dentre outros. Alerte a classe para que se certifiquem de que a calculadora está zerada (sem registro anterior) antes de iniciar a atividade. Quando todos concluírem este item, faça o mesmo com o item **b**. Motive-os a realizar a proposta trocando ideias e ajudas entre os componentes dos grupos. Circule na classe observando os alunos que apresentam dificuldades e os que realizam a tarefa com desenvoltura. Ajude no uso da calculadora, quando necessário. Reforce a leitura da frase que pede que contem no caderno como pensaram. Para correção, solicite a alguns alunos que leiam seus registros. Os demais devem ter oportunidade de acrescentar, comentar etc.

Escreva no quadro o item **a** da atividade 4 e peça aos alunos que leiam esse item. Oriente-os para verificarem se o 100 está no visor e, na sequência, dê-lhes o tempo necessário para desenvolver o que foi solicitado. Quando todos concluírem este item, faça o mesmo com o item **b** e os estimule a desenvolver a proposta com a mesma motivação para que um ajude o outro ou para que debatam sobre suas diferentes formas de comunicar como pensaram.

Para finalizar, desenvolva uma conversa com a classe para ouvir o que eles têm a dizer sobre a atividade. Estimule-os a falar.

É indicado que os cadernos sejam recolhidos para que você possa analisar os registros dos alunos e perceber muitas informações sobre a aprendizagem deles, por exemplo, como estão comunicando a forma que pensam; a linguagem que utilizam; como estruturaram seus registros; o que eles já sabem sobre o Sistema de Numeração Decimal, dentre outras informações que podem orientar seus planos de ensino e aprendizagem.

ATIVIDADES

1. a) Complete a primeira sequência:

0, 10, 20, 30, 40, 50, ..., 100

b) Agora, pense! O 20 tem dois 10. Quantos 10 tem o 80? E o 100? Represente no caderno esse pensamento.

2. a) Complete a segunda sequência:

100, 200, 300, 400, ..., 1 000

b) Agora, pense! O 400 tem quatro 100. Quantos 100 tem o 700? E o 1 000? Represente no caderno como você pensou.

3. Agora, você vai usar a calculadora para fazer a seguinte proposta:
   a) Volte à primeira sequência. Digite o primeiro número, que é o zero. Agora, pense! Usando o sinal de mais, +, qual número você deve digitar para obter o próximo número da sequência, ou seja, o 10?
   b) E agora, o que você tem de fazer, sem apagar o 10, para transformá-lo em 20? O que você tem de fazer para obter sucessivamente os outros números da sequência, até o 100, sem apagar o que já está no visor? Escreva no caderno como você fez.

4. a) Ainda usando a calculadora, veja que o 100 já está no visor. Agora, pense! Usando o sinal de mais, +, qual número você deve digitar para obter o próximo número da sequência, o 200?
   b) O que você tem de fazer para obter sucessivamente os outros números da sequência, sem apagar o que já está no visor? Faça o que você pensou, até chegar ao 1 000. Escreva no caderno como você fez.

Materiais

Fichas sobrepostas

Se sua escola não dispõe de fichas sobrepostas em quantidade suficiente, você pode disponibilizar para cada aluno uma cópia das fichas que se encontram a seguir. Para baixá-las, em www.grupoa.com.br, acesse a página do livro por meio do campo de busca e clique em Área do Professor. Para que cada um tenha o seu próprio conjunto de fichas, basta colar as folhas em cartolina e recortar as fichas.

0	1
2	3
4	5
6	7
8	9

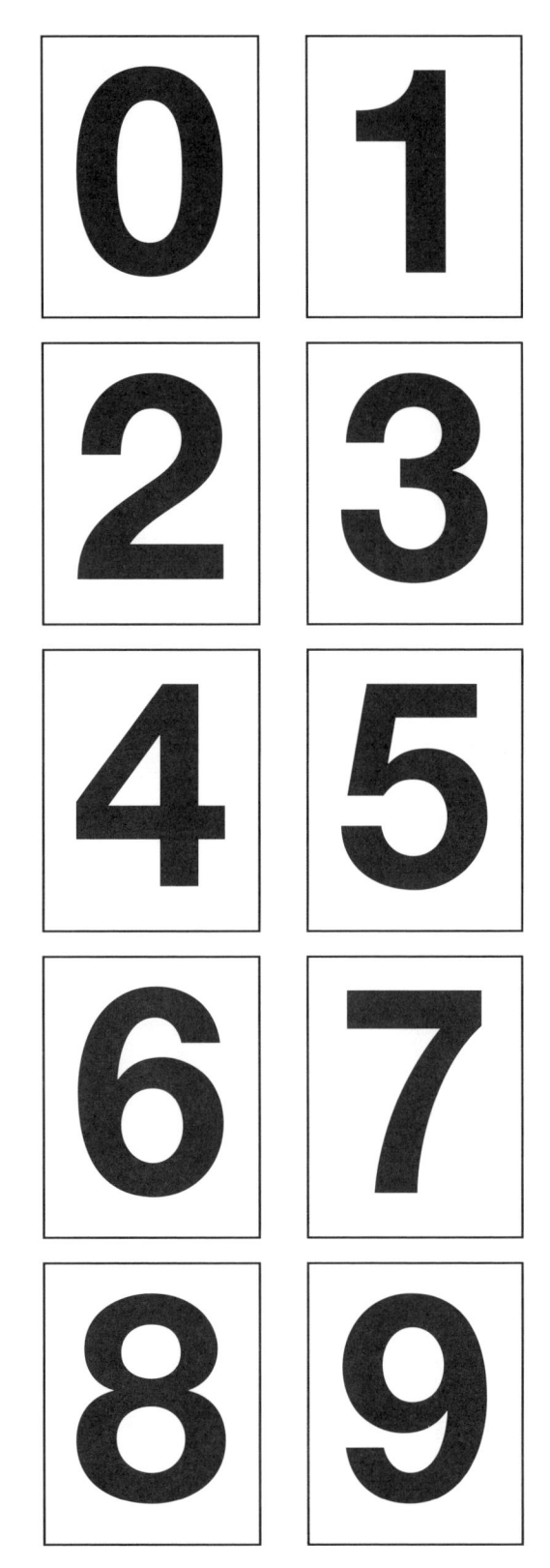

10

20	30
40	50
60	70
80	90

1	0	0
2	0	0
3	0	0
4	0	0
5	0	0

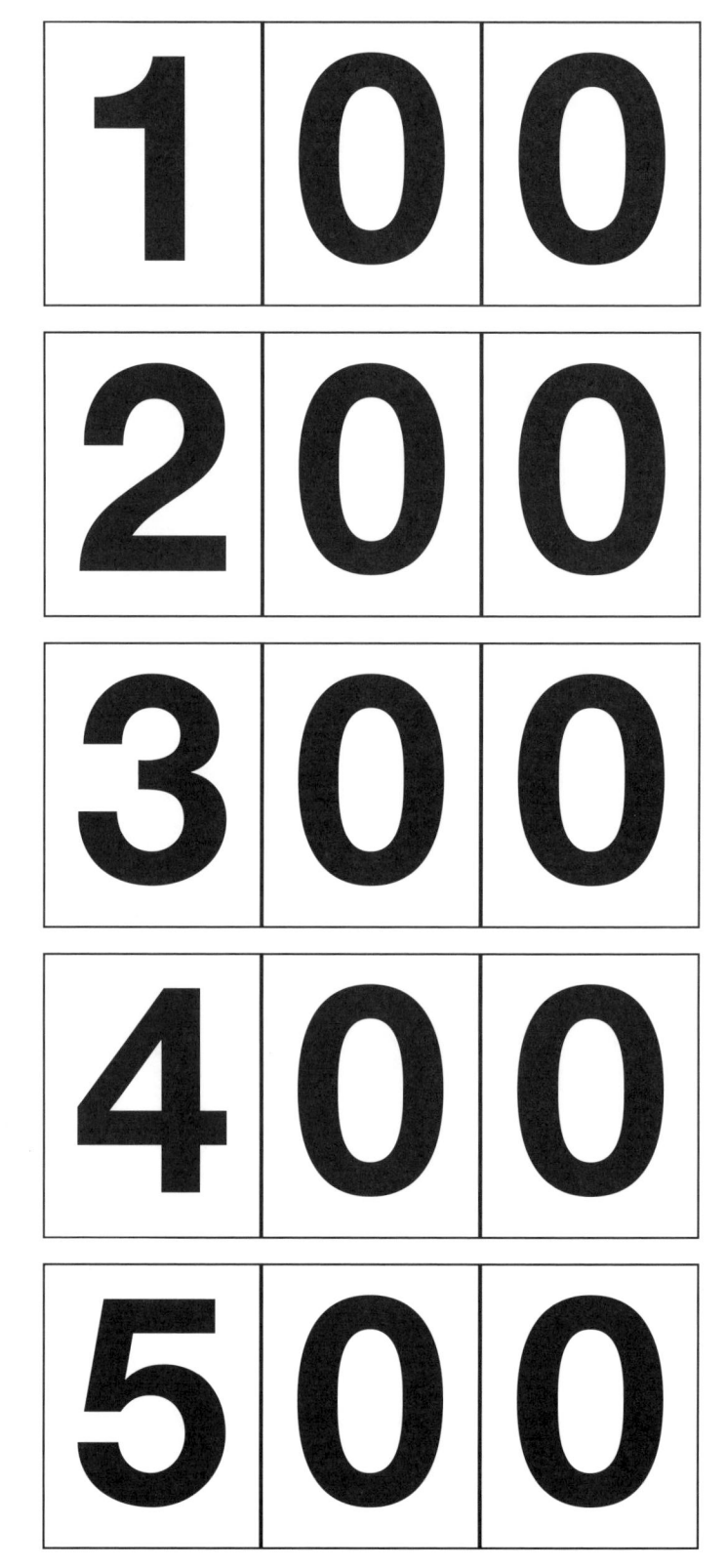

6	0	0
7	0	0
8	0	0
9	0	0

1	0	0	0
2	0	0	0
3	0	0	0
4	0	0	0
5	0	0	0

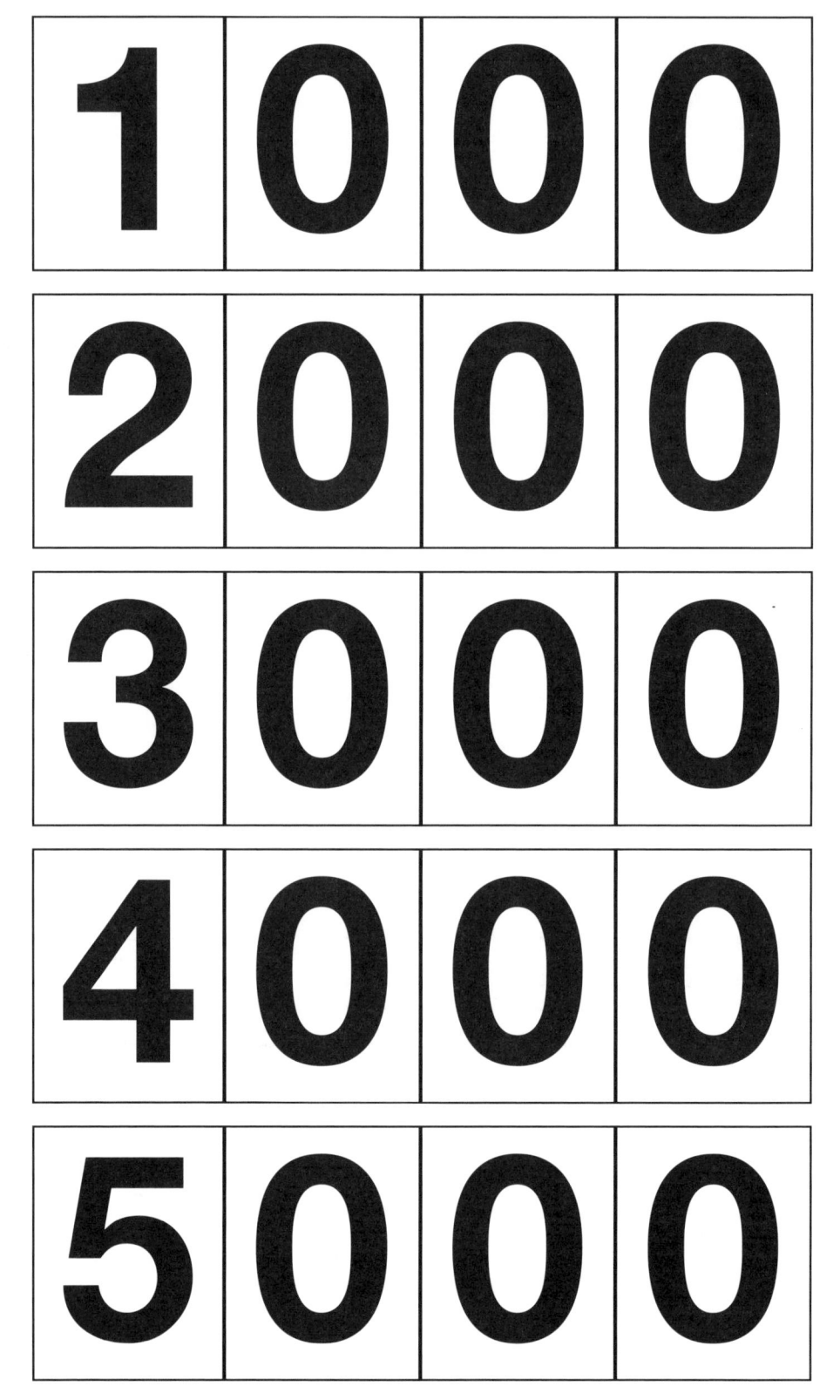

| 6 | 0 | 0 | 0 |

| 7 | 0 | 0 | 0 |

| 8 | 0 | 0 | 0 |

| 9 | 0 | 0 | 0 |

Referências

CÂNDIDO, P. Comunicação em matemática. In: SMOLE, K. C. S.; DINIZ, M. I. S. V. (Org.). *Ler, escrever e resolver problemas*: habilidades básicas para aprender matemática. Porto Alegre: Artmed, 2001.

CAVALCANTI, C. Diferentes formas de resolver problemas. In: SMOLE, K. C. S.; DINIZ, M. I. S. V. (Org.). *Ler, escrever e resolver problemas*: habilidades básicas para aprender matemática. Porto Alegre: Artmed, 2001.

COLL, C. (Org.). *Desenvolvimento psicológico e educação*. Porto Alegre: Artmed, 1995. v. 1.

KAMII, C.; DEVRIES, R. *Jogos em grupo na educação infantil*. São Paulo: Trajetória Cultural, 1991.

KISHIMOTO, T. M. (Org.). *Jogo, brinquedo, brincadeira e educação*. São Paulo: Cortez, 2000.

KRULIC, S.; RUDNICK, J. A. Strategy gaming and problem solving: instructional pair whose time has come! *Arithmetic Teacher*, n. 31, p. 26-29, 1983.

LERNER, D.; SADOVSKY, P. O sistema de numeração: um problema didático. In: PARRA, C.; SAIZ, I. *Didática da matemática*: reflexões psicopedagógicas. Porto Alegre: Artmed, 2008.

LÉVY, P. *As tecnologias da inteligência*: o futuro do pensamento na era da informática. Rio de Janeiro: Editora 34, 1993.

MACHADO, N. J. *Matemática e língua materna*: a análise de uma impregnação mútua. São Paulo: Cortez, 1990.

MIORIM, M. A.; FIORENTINI, D. Uma reflexão sobre o uso de materiais concretos e jogos no ensino de Matemática. *Boletim SBEM-SP*, v. 7, p. 5-10, 1990.

MORENO, B. R. O ensino de número e do sistema de numeração na educação infantil e na 1ª série. In: PANIZZA, M. (Org.). *Ensinar matemática na educação infantil e nas séries iniciais*: análise e propostas. Porto Alegre: Artmed, 2008.

QUARANTA, M. E.; WOLMAN, S. Discussões nas aulas de matemática: o que, para que e como se discute. In: PANIZZA, M. (Org.). Ensinar matemática na educação infantil e nas séries iniciais: análise e propostas. Porto Alegre: Artmed, 2006.

RIBEIRO, C. Metacognição: um apoio ao processo de aprendizagem. *Psicologia*: Reflexão e Crítica, v. 16, n. 1, p. 109-116, 2003.

SMOLE, K. C. S. *A matemática na educação infantil*: a Teoria das Inteligências Múltiplas na prática escolar. Porto Alegre: Artmed, 1996.

SMOLE, K. C. S.; DINIZ, M. I. S. V. *Ler, escrever e resolver problemas*: habilidades básicas para aprender matemática. Porto Alegre: Artmed, 2001.

LEITURAS RECOMENDADAS

ABRANTES, P. *Avaliação e educação matemática*. Rio de Janeiro: MEM/USU Gepem, 1995.

BRASIL. Ministério da Educação e do Desporto. Secretaria de Educação Fundamental. *Parâmetros Curriculares Nacionais*. Brasília: MEC/SEF, 1997.

BRIGHT, G. W. et al. (Org.). *Principles and Standards for School Mathematics Navigations Series*. Reston: NCTM, 2004.

BRIZUELA, B. M. *Desenvolvimento matemático na criança*: explorando notações. Porto Alegre: Artmed, 2006.

BUORO, A. B. *Olhos que pintam*: a leitura da imagem e o ensino da arte. São Paulo: Cortez, 2002.

BURRILL, G.; ELLIOTT, P. (Org.). *Thinking and reasoning with data and chance*: Yearbook 2006. Reston: NCTM, 2006.

CARRAHER, T. et al. *Na vida dez, na escola zero*. São Paulo: Cortez, 1988.

CLEMENTS, D.; BRIGTH, G. (Org.). *Learning and teaching measurement*: Yearbook 2003. Reston: NCTM, 2003.

COLOMER, T.; CAMPS, A. *Ensinar a ler, ensinar a compreender*. Porto Alegre: Artmed, 2002.

CROWLEY, M. L. O modelo van Hiele de desenvolvimento do pensamento geométrico. In: LINDQUIST, M. M.; SHULTE, A. P. (Org.). *Aprendendo e ensinando geometria*. São Paulo: Atual, 1994.

D'AMORE, B. *Epistemologia e didática da matemática*. São Paulo: Escrituras, 2005. (Coleção Ensaios Transversais).

FIORENTINI, D. A didática e a prática de ensino medidas pela investigação sobre a prática. In: ROMANOWSKI, J. P.; MARTINS, P. L. O.; JUNQUEIRA, S. R. (Org.). *Conhecimento local e universal*: pesquisa, didática e ação docente. Curitiba: Champagnat, 2004. v. 1.

FROSTIG, M.; HORNE, D. *The Frostig program for development of visual perception*. Chicago: Follet, 1964.

GARDNER, H. *Inteligências múltiplas*: a teoria na prática. Porto Alegre: Artmed, 1995.

HOFFER, A. R. Geometria é mais que prova. *Mathematics Teacher*, v. 74, n. 1, p. 11-18, 1981.

HOFFER, A. R. *Mathematics Resource Project*: geometry and visualization. Palo Alto: Creative, 1977.

HUETE, J. C. S.; BRAVO, J. A. F. *O ensino da matemática*: fundamentos teóricos e bases psicopedagógicas. Porto Alegre: Artmed, 2006.

KALEFF, A. M. M. R. *Vendo e entendendo poliedros*. Niterói: Ed. da Universidade Federal Fluminense, 1998.

KAMII, C.; JOSEPH, L. L. *Crianças pequenas continuam reinventando a aritmética*: implicações da teoria de Piaget. 2. ed. Porto Alegre: Artmed, 2004.

KAMII, C.; LIVINGSTONE, S. J. *Desvendando a aritmética*: implicações da teoria de Piaget. Campinas: Papirus, 1995.

KAMII, C.; LEWIS, B. A.; LIVINGSTONE, S. J. Primary arithmetic: children inventing their own produces. *Arithmetic Teacher*, v. 41, n. 4, 1993.

KAUFMAN, A. M. (Org.). *Letras y números*: alternativas didácticas para jardín de infantes y primer ciclo da EGB. Buenos Aires: Santillana, 2000. (Colección Aula XXI).

LAURO, M. M. *Percepção – Construção – Representação – Concepção*: os quatro processos de ensino da geometria: uma proposta de articulação. São Paulo: USP, 2007.

LÉVY, P. *Intelligence coletive*. Paris: Éditions La Découverte, 1995.

LINDQUIST, M. M.; SHULTE, A. P. (Org.). *Aprendendo e ensinando geometria*. São Paulo: Atual, 1994.

LOPES, M. L. M. L.; NASSER, L. (Coord.). *Geometria na era da imagem e do movimento*. Rio de Janeiro: UFRJ/Projeto Fundão, 1996.

LUNA, S. V. *Planejamento de pesquisa*: uma introdução. São Paulo: EDUC, 2007.

NEVES, I. C. B. et al. *Ler e escrever: compromisso de todas as áreas*. 3. ed. Porto Alegre: Ed. da UFRGS, 2000.

PANIZZA, M. (Org.). *Ensinar matemática na educação infantil e nas séries iniciais*: análise e propostas. Porto Alegre: Artmed, 2006.

PARRA, C.; SAIZ, Irma (Org.). *Didática da matemática*: reflexões psicopedagógicas. Porto Alegre: Artmed, 2001.

PELLANDA, N. M. C.; SCHULÜNZEN, E. T. M.; SCHULÜN-ZEN JR., K. (Org.). *Inclusão digital*: tecendo redes afetivas e cognitivas. Rio de Janeiro: DP&A, 2005.

PIRES, C. M. C.; CURI, E.; CAMPOS, T. M. M. *Espaço & Forma*: a construção de noções geométricas pelas crianças das quatro séries iniciais do ensino fundamental. São Paulo: Proem, 2000.

POZO, J. I. (Org.). *A solução de problemas*: aprender a resolver, resolver para aprender. Porto Alegre: Artmed, 1998.

RAMAL, A. C. *Educação na cibercultura*: hipertextualidade, leitura, escrita e aprendizagem. Porto Alegre: Artmed, 2002.

RHODE, G. M. *Simetria*. São Paulo: Hemus, 1982.

SMOLE, K. C. S. *A matemática na educação infantil*: a Teoria das Inteligências Múltiplas na prática escolar. Porto Alegre: Artmed, 1999.

SMOLE, K. C. S.; DINIZ, M. I. S. V.; CÂNDIDO, P. *Jogos de matemática de 1º a 5º ano*. Porto Alegre: Artmed, 2007. (Cadernos do Mathema. Ensino Fundamental, v. 1).

SMOLE, K. C. S. et al. *Era uma vez na matemática*: uma conexão com a literatura infantil. São Paulo: CAEM-IME/USP, 1993. v. 4.

SMOLE, K. C. S. *Brincadeiras infantis nas aulas de matemática*. Porto Alegre: Artmed, 2000. (Coleção Matemática de 0 a 6, v. 1).

SMOLE, K. C. S. *Figuras e formas*. Porto Alegre: Artmed, 2001. (Coleção Matemática de 0 a 6, v. 3).

SOUZA, E. R. et al. *Matemática das sete peças do Tangram*. São Paulo: CAEM-IME/USP, 1995. v. 7.

VAN DE WALLE, J. A. *A matemática no ensino fundamental*: formação de professores e aplicação na sala de aula. Porto Alegre: Artmed, 2009.

VILA, A.; CALLEJO, M. L. *Matemática para aprender a pensar*: o papel das crenças na resolução de problemas. Porto Alegre: Artmed, 2006.

VILLELLA, J. *Uno, dos, tres... Geometría otra vez*. Buenos Aires: Aique, 2001.

Índice de atividades
(ordenadas por ano escolar)

2º/3º anos

- As fichas que formam números (valor posicional no Sistema de Numeração Decimal) 49
- Registrando contagens 51
- Brincando com números e palavras (escrita de números no Sistema de Numeração Decimal) 55
- Eu comando, você faz (ordens do Sistema de Numeração Decimal) 59
- Escrevendo números (unidade de milhar) 63

3º ano

- Explorando o ábaco 35
- Explorando números no ábaco 37
- Montando números no ábaco (comparação de números) 39
- Ábaco – mudando algarismos (valor posicional no Sistema de Numeração Decimal) 41
- Ábaco – qual o mais próximo? (comparação de números) 43
- Brincando com a calculadora (composição de números) 75

3º/4º anos

- Pensando nas sequências (agrupamentos do Sistema de Numeração Decimal) 79

4º/5º anos

- Para pensar! (ordem do milhar) 65
- Jogo com as fichas (composição e comparação de números) 69

IMPRESSÃO:

Pallotti
GRÁFICA EDITORA
IMAGEM DE QUALIDADE

Santa Maria - RS - Fone/Fax: (55) 3220.4500
www.pallotti.com.br